数据血缘
理论与业务实践

[荷兰] Irina Steenbeek◎著

王琤 车春雷◎译

DATA LINEAGE
from a business perspective

电子工业出版社·
Publishing House of Electronics Industry
北京·BEIJING

内 容 简 介

本书共分为四篇。前三篇分别对应数据血缘的理论、实现和应用：第一篇阐明数据血缘的概念，主要介绍有关数据血缘概念的综合知识；第二篇介绍如何实现数据血缘，包括一些关于实现数据血缘的可行性见解和建议；第三篇介绍如何使用数据血缘，利用数据血缘结果实现不同的业务目的。第四篇是关于"构建数据血缘业务案例"的研究，介绍如何将数据血缘落地到业务案例中。

本书主要面向数据开发人员和数据管理人员，用于针对数据血缘及其应用领域拓宽思路。本书也适合具有技术背景的数据业务人员参考阅读，便于更好地理解业务需求和数据血缘需求。

Data Lineage: from a Business Perspective（ISBN 979-8473818017）by Irina Steenbeek

Copyright © 2021 by Irina Steenbeek

Chinese translation Copyright © 2023 by Publishing House of Electronics Industry

本书中文简体版专有出版权由 Irina Steenbeek 授予电子工业出版社，未经许可，不得以任何方式复制或者抄袭本书的任何部分。

版权贸易合同登记号　图字：01–2023–0544

图书在版编目（CIP）数据

数据血缘: 理论与业务实践 /（荷）伊琳娜·斯滕贝克（Irina Steenbeek）著；王玙，车春雷译.
—北京：电子工业出版社，2023.7
书名原文：Data Lineage: from a Business Perspective
ISBN 978-7-121-45951-1

Ⅰ.①数… Ⅱ.①伊… ②王… ③车… Ⅲ.①数据管理 Ⅳ.① TP274

中国国家版本馆 CIP 数据核字（2023）第 125457 号

责任编辑：张　爽
印　　刷：北京瑞禾彩色印刷有限公司
装　　订：北京瑞禾彩色印刷有限公司
出版发行：电子工业出版社
　　　　　北京市海淀区万寿路 173 信箱　　邮编 100036
开　　本：720×1000　　1/16　　印张：15.5　　字数：285.2 千字
版　　次：2023 年 7 月第 1 版
印　　次：2023 年 7 月第 1 次印刷
定　　价：119.00 元

凡所购买电子工业出版社图书有缺损问题，请向购买书店调换。若书店售缺，请与本社发行部联系，联系及邮购电话：（010）88254888，88258888。

质量投诉请发邮件至 zlts@phei.com.cn，盗版侵权举报请发邮件至 dbqq@phei.com.cn。

本书咨询联系方式：faq@phei.com.cn。

谨以此书，

献给我的家人Kalina、Natalia和Adri，

在我的职业生涯中，他们始终支持着我。

译者序

在数据量不断增长、数据生态系统复杂的时代，追踪数据从源头到目的地，及其经过的各种流程和系统的信息，对确保数据质量、合规性和决策来说至关重要。这些信息被称为数据血缘。

数据血缘既能回答"这些数据从哪里来，到哪里去"这样的哲学问题，也能回答"数据是如何进行加工转换的"这样的技术问题，帮助我们深入了解数据资产的可靠性、可信度。

数据血缘的重要性超出了传统的数据治理和合规性。它在智能数据分析、数据集成、数据质量管理和数据驱动决策方面发挥着至关重要的作用。了解数据血缘，能够使组织识别数据异常、解决问题、跟踪数据转换，并确保遵守 GDPR、CCPA 等法规。

数据血缘是企业最重要的数据资产之一，而且未来它将充当更加重要的角色。一方面，完整的数据血缘信息可以有效跟踪敏感数据的全链路生命周期，实现数据安全合规。例如：源端系统中的PII（个人身份识别信息）在数仓、大数据平台、数据湖中是否得到有效的脱敏？哪些数据服务可能泄露机密？哪些数据可能被消费者获取？另一方面，数据血缘可以进行变更影响分析，即分析数据的变更对相关业务的影响。例如：当源端业务系统的数据结构发生变化时，要及时分析其对后端数据应用的影响，以便在源业务系统升级前给出合适的应对措施，保障后端应用的连续性。这种影响就如同在制造业中，上游原材料的价格波动对下游产品成本的影响。

数据血缘是元数据管理的重要手段之一。在建设数据仓库、数据集市、商业智能及大数据系统的过程中，国内许多组织对配套元数据模块进行了多年探索，研发了许多数据血缘处理技术，试图构建一套准确、完整、实用的数据血缘图，以满足业务需要。让用户在"管理数据、使用数据"的工作中，能够了解数据的来龙去脉，做到心中有"数"。然而在实践过程中，即使经过长期的持续建设，配套元数据模块的实际效果仍会大打折扣，不尽如人意。

Irina Steenbeek博士基于多年的研究和实践经验编著的《数据血缘：理论与业

务实践》（*Data Lineage: from a Business Perspective*）一书，填补了数据血缘领域的空白。本书在辨析数据血缘及其相关概念、类型的理论基础上，详细介绍了作者提炼总结的"构建数据血缘的九步方法论"，并通过一个实际案例展示了如何使用数据血缘，最后在附录中给出了方法论中的工作模板。在翻译本书的过程中，书中的许多观点（如数据血缘项目的"企业"范围、数据血缘的层级、横向和纵向数据血缘、描述型和自动型数据血缘等）帮助译者打消了多年来对数据血缘的疑虑和困惑。希望本书能够为国内从事数据管理工作的同仁带来同样的收益，为提高数据血缘项目的实施效果和用户满意度提供助力。

最后，感谢原著作者Irina Steenbeek博士为我们带来这本好书，并授权我们将本书翻译为中文版本。同样感谢电子工业出版社能够引进本书的中文版权，感谢张爽老师担任责任编辑，她的辛勤工作是本书能够在第一时间与各位读者见面的关键。

前言

多年前，作者（我）第一次听到"数据血缘"这个词，当时团队正在实施一个数据仓库解决方案。一位顾问建议使用Excel表格记录数据血缘，IT团队的反应既简单又直接："不可能。"他们认为没有必要记录这些信息，即使在最坏的情况下，他们也可以通过检查软件代码对数据进行追踪。后来，在另一个与监管合规相关的项目中，有人再次提起了数据血缘的话题。我的一位同事曾试图收集数据血缘的需求，但是没有成功。在某个时刻，他绝望地说："每个人都需要数据血缘，但是没有人能解释什么是数据血缘。"随后，我接手了他的任务。从此，数据血缘就成了我的专业领域和业余爱好。这些年来，我见证了数据血缘的重大变化，并观察到了一些新的趋势。

数据血缘的趋势

多年来，根据我的观察及验证，关于数据血缘有以下三个最重要的发展趋势。

1. 日益增加的监管和业务需求压力需要对数据血缘进行记录。

几年前，对数据血缘的需求还如"奢侈品"一般不够广泛。如今，它已经成为数据管理中的一种常规需求。最近，不同的监管机构发布了许多法规文件，其中都对数据管理提出了特殊需求。要满足这些需求，不同行业的企业必须实施数据血缘管理。经济环境快速和不可预测的变化要求业务环境随之变化和发展。任何业务环境的变化都涉及数据，例如数据集成、数字化转型、大数据、高级数据分析和云平台等。要成功开展这些工作，需要了解数据存储的位置和数据在数据链上进行的传递等信息。数据血缘就是这类信息的来源。

2. 专业的技术和业务人员都表现出对数据血缘的需要和兴趣。

不久前，还只有一些技术人员知道数据血缘，而且有相关使用经验的人才很少。如今，数据血缘已成为业务人员经常使用的术语。但是对他们中的大多数人来说，这个概念仍然是抽象的，他们仍未认识到"数据血缘已成为最急迫的业务需求之一"这一事实。

3. 市场上已出现了许多不同的数据血缘软件解决方案。

此前，数据血缘文档还普遍是微软的Excel和Word文件。近期，市场上已经有一些先进的数据血缘解决方案。不同规模、不同行业的企业都可以找到满足自身需求且适配自身资源的解决方案。

根据这些趋势，我认识到了实现数据血缘面临的一些挑战。

实现数据血缘面临的挑战

数据血缘的实现经历了许多挑战，下面列举三个主要的挑战。

1. 对大多数用户来说，数据血缘的概念仍然很抽象。

数据血缘是一个复杂的概念，数据管理社区对它还没有一致的定义，因此每家企业都要通过开发数据血缘的元模型来启动数据血缘的相关工作。

2. 实现数据血缘是复杂的，并且会消耗大量的时间和资源。

无论如何，实现数据血缘都需要付出大量的努力，并消耗许多资源。正确识别需求和实施范围是成功的关键因素之一。

3. 即使实现了数据血缘，数据管理和业务专业人员也不会完全按照预期使用。

在工作的起始阶段，许多利益相关者并不熟悉数据血缘的概念。得到的实际结果往往不符合他们最初的期望。此外，使用数据血缘还需要一些技术技能和知识。所有这些因素都可能导致数据血缘的实现结果无人认可的情况。

在克服上述挑战的过程中，我对数据血缘的发展趋势有所了解并积累了经验，这赋予了我写作本书的灵感。

主要目标和目标受众

本书面向数据管理和业务专业人员，从不同的角度介绍数据血缘。

本书的目标如下。

- 提出数据血缘的定义和模型。

  数据血缘是一个复杂的概念，每家企业都可能以不同的方式定义数据血缘的重要组件，从而在最大程度上满足企业的需要。

- 展示数据血缘的最佳实践。
  实现数据血缘既耗时又耗资源。为了成功实现数据血缘，每家企业都应该定义合适的范围、方法和解决方案。

- 讨论应用数据血缘的主要业务领域。
  在数据血缘工作上的投资应通过正确使用数据血缘而获得回报。不同的业务职能都可能受益于数据血缘的结果。

不同领域的专业人员可以通过不同的方式来使用本书。

- 数据管理和业务专业人员，可以针对数据血缘及其应用领域拓宽思路。
  与数据血缘概念有关的资源很少，互联网上的文章和数据血缘解决方案供应商网站是主要的信息来源。目前，数据血缘还缺乏统一的定义。这些都给初学者带来了挑战。本书深入分析了数据血缘，并提出了数据血缘元模型和相应的术语。这有助于不同的利益相关者针对数据血缘进行交流。

- 具有技术背景的专业人员，可以更好地理解业务需要和数据血缘需求。
  不同的利益相关者对数据血缘的理解、要求和需求明显不同。技术专业人员主要关注实现物理层面上的元数据血缘，但这个术语对业务专业人员来说毫无意义。本书未涵盖不同数据血缘解决方案的技术细节，而是帮助技术专业人员和业务人员在针对数据血缘的不同观点之间搭建一座桥梁。

- 项目管理专业人员，可以熟悉数据血缘实现的最佳实践。
  合适的实施范围和适当的实施方法是所有项目成功的关键因素。许多因素会影响项目范围、方法和方案的选择。项目管理专业人员可以从本书中获得实用的建议，并熟悉开发数据血缘业务案例的技术。本书还简单介绍了一些数据血缘解决方案。

补充说明

原书中包含大量参考文献及资料，本书均已电子资源形式提供，下载方式见封底处"读者服务"。

目录

第四篇 案例研究：构建数据血缘业务案例

附录 …………………………………………………… 226

引言

"亲爱的朋友，理论都是灰色的，生命之树常青。"
——约翰·沃尔夫冈·冯·歌德

歌德的这句名言很恰当地表达了本书的核心思想。我们需要根据数据血缘理论来定义目的和需求，同时，实现数据血缘可以让我们深入洞察数据行为。然而，企业只有主动应用数据血缘，才能实现他们的目的、满足他们的需要。图1所示为数据血缘业务案例的三根支柱：

- 理论。
- 实现。
- 应用。

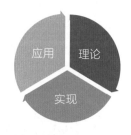

图 1　数据血缘业务案例的三根支柱

本书将遵循这三根支柱的理念来组织内容结构。

本书的结构和内容

本书的前三篇分别对应三根支柱：理论、实现和应用。每篇都包括几个章节，分别介绍每根支柱的内容。第四篇为案例研究，展示了如何为数据血缘构建业务案例。

下面是每篇及各章的简要概述。

第一篇　阐明数据血缘的概念

数据血缘是一个复杂的概念，这种复杂性导致对它的解释比较模糊。第一篇旨在解决复杂性的问题。

第1章概述关于数据血缘的不同观点，以及分析几个易与数据血缘概念相混淆的概念。

第2章讨论数据血缘的业务驱动因素，比如法规需求、业务变更和数据管理工作。

第3章定义术语"元模型"，并介绍设计数据血缘元模型的方法。

第4章深入描述数据血缘元模型的主要组件，业务流程、IT系统和不同层级的数据模型都是数据血缘元模型组件的实例。

第5章讨论数据血缘的不同类型。即便各个业务利益相关者对数据血缘含义的理解保持一致，他们对数据血缘也会有不同的期望和需求，同时，记录数据血缘的方法也会因利益相关者的需求差异而变化。

第一篇结束时，读者将收获有关数据血缘概念的综合知识，为下一步"实现数据血缘"奠定基础。这将在第二篇中进行讨论。

第二篇　实现数据血缘

许多因素影响和决定着数据血缘能否成功实现。

第6章介绍构建数据血缘案例项目的九步方法论。第二篇的后续章节将详细研究这些步骤。

第7章重点介绍确定数据血缘工作范围的主要参数。合理地确定工作范围能够确保工作切实可行。

第8章介绍数据血缘的主要利益相关者。详细描述数据血缘工作涉及的角色及其责任，并对定义角色设计的不同因素进行分析。

第9章提供用于定义和记录数据血缘需求的方法和模板。本章会解释元数据血缘和数据值血缘需求之间的区别。数据血缘需求的清晰和可行是成功实现数据血缘的重要因素之一。

第10章讨论实现数据血缘的不同方法。影响实现方法的因素有多个，比如记录数据血缘的方法、工作范围参数、记录数据血缘的方向和项目管理风格等。

第11章简要概述市场上已有的数据血缘解决方案。记录数据血缘需要合适的解决方案，要既能满足当前的需求，又能为未来发展预留空间。

第12章重点关注数据血缘的记录。描述型数据血缘和自动型数据血缘是记录元数据血缘的两种不同方法。这些方法的应用都遵循不同的步骤，并各有其特点。

第13章分享有关数据血缘实现的成功因素及实践经验。

第二篇结束时，读者将了解到一些关于实现数据血缘的可行性见解和建议。

第三篇将讨论利益相关者如何积极地参与使用数据血缘。

第三篇　使用数据血缘

数据血缘结果可用于实现不同的业务目的。数据管理工作、关键数据元素、数据质量检查和控制都是使用数据血缘结果的实例。

第14章侧重于数据血缘在关键数据方面的应用。关键数据的概念应用在不同的语境中。关键数据有助于确定不同数据血缘方案的工作范围。数据血缘知识是在数据链中发现关键数据的重要因素。

第15章展示数据血缘对数据质量管理的重要性。如果没有数据血缘，就很难完成收集数据质量需求、设计，以及构建数据质量检查和控制等任务。

第16章讨论数据血缘在数据影响分析和根因分析方面的应用。各种数据管理工作都需要进行此类分析。数据血缘是实现这种分析的唯一方法。

第17章展示数据血缘在财务规划和分析任务方面应用的可能性。基于业务驱动的建模技术和数据血缘有很多相同之处。

第18章讨论数据血缘的记录和数据管理框架的实现之间的关系。根据作者的经验可以得出一个结论：可以遵循记录数据血缘的逻辑来构建数据管理框架。

第三篇结束时，读者将对数据血缘业务案例的三根支柱（理论、实现和应用）有清晰的了解。

第四篇将前面介绍的内容整合在一起。

第四篇　案例研究：构建数据血缘业务案例

在这一篇中，我们会把数据血缘理论搁置在一旁，转而享受实践的乐趣。读者将读到一个虚构企业及其记录数据血缘的小故事。

附录

附录提升了本书的价值，并帮助数据血缘的初学者开展数据血缘工作。附加内容如下。

模板 1：数据血缘需求

此模板有助于收集业务需求，从而确定数据血缘的工作范围。

本文档包含通用需求和企业需要收集的数据血缘组件需求，以及二者之间的关系。

模板 2：数据血缘工作的范围和进展

此模板有助于沟通数据血缘的工作范围，也是一个展示数据血缘工作进展的好工具。

概述：数据血缘解决方案

本概述对当前市场上可用的软件解决方案进行分析，涵盖数据血缘元模型所识别的多个数据血缘组件的解决方案。本概述仅供参考，作者不提供任何有关解决方案的偏好。

模板 3：比较数据血缘解决方案

此模板有助于对记录数据血缘的各种软件解决方案进行比较分析，包括比较主要软件的功能。

阅读说明

阅读说明旨在便于读者理解书中的文字和图表内容。

英文行业术语

本书没有将某些行业术语的英文首字母大写，如数据管理、数据治理、数据建模等。这些术语名称还不是整个行业一致的标准术语。引自行业指南的术语例外。

图形符号

使用概念图表示书中使用的概念，这些图形符号有助于展示讨论概念的本质。本书使用的符号有两个来源：Thomas Frisendal的《NoSQL和SQL的图数据建模》（*Graph Data Modeling for NoSQL and SQL*）一书，以及MindMaster软件程序的教程。

概念图中的符号表示如下内容。

- 概念。
  圆角矩形表示不同抽象层级的概念/数据元（见图2）。

图 2　概念 / 数据元的符号

- 连接词。
  连接词或短语会出现在连接概念/数据元的连接线上方，如图3所示。通常，连接词是动词。

图 3　连接词示例

- 层次结构。
  层次结构展示了不同抽象层级的概念之间的关系，如图4所示。数据是一个具有更高抽象层级的术语，并且可以被分为不同类型。按照从上向下的方向阅读概念图。

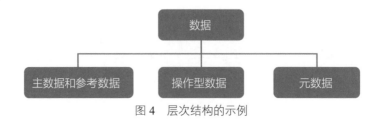

图 4　层次结构的示例

连接短语"是一个"描述了一个概念及其子类型之间的关系，"是……的一部分"表示聚合或组合模式。

- 连接箭头。

  概念图展示了不同的概念是如何相互关联的。连接箭头是表示概念之间关系的符号，如表1所示。

类型1

带箭头连接线表示关系的方向。如表1所示，元素A与元素B有一定的关系。例如，"组织有很多员工"。

类型2

自连接线表示元素A与其自身有关系，并且参与递归关系。"一个员工管理一个或多个其他员工"就是这种关系的例子。

类型3

带双箭头连接线表示一个或多个元素B与多个元素A有关系。例如，"多个业务规则适用于多个数据元"。

类型4

无箭头连接线表示层次结构的关系，例如组织结构。

表1 关系符号

类型序号	类型	说明	应用
1	A ──────→ B	带箭头连接线	表示元素A与元素B之间的关系或表示递归关系
2	⟲ A	带箭头闭合连接线	表示元素A具有递归性
3	A ←────→ B	带双箭头连接线	表示一个或多个元素B连接多个元素A
4	A ────── B	无箭头连接线	用于分层/"父-子"结构

现在，准备好开始阅读本书吧！

第一篇
阐明数据血缘的概念

"对于一件事情，如果你不能对六岁的孩子解释清楚，那说明你自己也不明白。"

——阿尔伯特·爱因斯坦

数据血缘是一个复杂的概念。在不同的语境下，它可能有不同的解释。我曾经在荷兰向一个数据架构师专业社区做关于数据血缘的演讲。在演讲中，我邀请三位与会者提出他们对数据血缘的定义。结果很容易猜到，所有的定义都彼此不同。这种情况也经常发生在整个全球数据管理社区中。从此以后，我每次与他人谈论这个问题时，问的第一个问题都是："你是如何理解数据血缘的？"为了建立一个共同的理解基础，我们需要弄清楚数据血缘的概念。

第一篇旨在阐明数据血缘的概念。

- 提出数据血缘的定义。
- 设计其元模型。
- 对数据血缘的类型进行分类。

第一步是学习有关数据血缘的现有观点和方法。

第1章 | 数据血缘的现有观点和方法分析

我是从调查行业内共知的参考指南开始研究数据血缘的。这些指南包括：DAMA国际[1]的《数据管理的知识体系2》（DAMA-DMBOK2）和The Open Group的一种企业架构框架《TOGAF®标准9.2版[2]》（一种企业架构框架，后面称为TOGAF®9.2）。这两个指南为我们理解数据血缘提供了不同的视角和定义，还详细介绍了与数据血缘概念相似的其他概念。

本章内容简介：

- 探讨与数据血缘类似的概念之间的相似性和差异性。
- 探索数据血缘概念与其他基本数据管理概念之间的关系。
- 展示数据血缘在不同数据管理能力中的角色。
- 了解DAMA-DMBOK2提供的关于数据血缘的建议。

阅读本章的收获：

- 了解不同数据血缘相关概念之间的差异。
- 选择与企业需要和实践相匹配的数据血缘概念。
- 确定企业在数据血缘方面所需的数据管理能力。

下面从与数据血缘类似的概念开始。

1.1 数据血缘和其他类似的概念

对不同来源中与数据血缘类似的概念进行分析，得到如下概念清单。

- 数据价值链。
- 数据链。
- 数据流。
- 数据集成架构。
- 信息价值链。

为了便于记忆，将它们放入图1-1中。

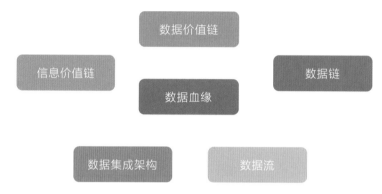

图 1-1 与数据血缘类似的概念

数据血缘

几种DAMA出版物对数据血缘的定义有所不同。

《DAMA数据管理字典》（DAMA字典）将数据血缘描述为"从数据源到当前位置的路径，以及沿该路径对数据所做的改动"[3]。第一版《DAMA-DMBOK》（DAMA-DMBOK1）将 "数据血缘/流"描述为数据集成架构[4]的交付成果。这与DAMA-DMBOK1中的另一个描述相矛盾："数据血缘和数据流都是数据集成架构这一概念的名称"[5]。

与DAMA-DMBOK1相比，第二版《DAMA-DMBOK》（DAMA-DMBOK2）进一步阐述了数据血缘的概念。DAMA-DMBOK2提供了一个类似于DAMA字典中的定义。数据血缘是"它（数据）从源点移动到使用点的路径"[6]。

在DAMA-DMBOK2中，术语数据血缘和数据流可互换使用。它将数据流定义为"一种数据血缘文档，它描述了数据如何在业务流程和系统中移动"[7]。

综上，总结如下。

1. 数据血缘描述了数据从源点到目的地的路径，以及数据在路径中进行的转换。

2. 数据血缘、数据流和数据集成架构都是同一个概念。DAMA的出版物将数据血缘、数据流和数据集成架构视为同义词。

下面探讨数据价值链的概念。

数据价值链

数据价值链的定义只出现在DAMA字典中。

根据DAMA字典，"数据价值链是指支持企业业务价值链的跨流程数据流"[8]。数据价值链分析是指"识别哪些职能、流程、应用程序、组织和角色创建、读取、更新和删除了各类数据（主题域、实体、属性），用CRUD矩阵来表示，特别是当比较的数据内容项按价值链顺序排列时"。[9]

术语"数据价值链"有几个显著的特点。

1. 数据价值链与业务价值链的概念有关。

2. 数据价值链描述了数据流，并将数据流与应用程序和业务组件，如流程、职能和角色等相关联。

3. 数据价值可以在不同层级的数据模型上进行描述，如概念层（主题域）和逻辑层（实体和属性）。

数据链

DAMA-DMBOK2在数据生命周期和数据质量的语境中介绍了这个术语。DAMA-DMBOK2强调"数据中存在血缘（例如，从源点移动到使用点的路径，有时称为数据链）"[10]。

由此，我们可以得出一个粗略的结论：数据链是数据血缘的同义词。

数据流

DAMA出版物将数据流视为数据血缘的同义词。下面我们来更深入地了解数据流的定义。

DAMA字典将数据流的概念描述为"系统、应用程序和数据集之间的数据传输"[11]。它还介绍了数据流图的定义，是指"数据在逻辑流程或应用程序服务之间移动或被移动的可视化展示（即，一个流程的输出数据如何作为其他流程的输入数据）。本质上是一个流程模型，是对数据模型的补充"[12]。

DAMA-DMBOK2将数据流设计定义为"用于跨数据库、应用程序、平台和网络（组件）间存储和处理的数据需求和主蓝图。数据流展示了数据在业务流程、位置、业务角色和技术组件间的流动"[13]。

DAMA-DMBOK2将数据流与数据血缘相关联。"数据流是一类数据血缘文档，它描绘了数据如何在业务流程和系统间流动。端到端数据流展示了数据源自哪里、在何处存储和应用，以及数据在系统和流程内部及二者之间流动时如何转换。"[14]

DAMA-DMBOK2定义了数据流的关键组成部分，数据流匹配并记录了以下内容与数据间的关系：

- 业务流程中的应用程序。
- 环境中的数据存储库或数据库。
- 网络段（可用于安全映射）。
- 业务角色，描述哪些角色负责创建、更新、使用和删除（CRUD）数据。
- 发生局部差异的位置[15]。

它还确定了记录数据流的层次。"数据流可以被记录在不同的细节层次上：主题域、业务实体，甚至是属性层次。"[16]这一观点可以解释为，数据流可以被记录在数据模型的概念层和逻辑层上。

简而言之，总结如下。

1. 数据流和数据血缘是同义词。

2. 通过对业务流程、角色与数据库、应用程序、网络等IT资产建立连接，展示概念层和逻辑层上的数据流。

数据集成架构

不同的DAMA出版物对这个术语给出了不同的定义。

根据DAMA字典，数据集成架构确定了"数据在应用程序和数据库之间如何流动"[17]。

DAMA-DMBOK1给出的数据集成架构的定义更详细。"数据集成架构定义了数据如何从源头到末端流过所有系统。数据集成架构既是数据架构，也是应用架构。因为它既包括数据库，也包括控制着数据流入、流出系统（数据库之间）的应用程序。数据血缘和数据流都是这个概念的名称。"[18]

在DAMA字典中，你也可以找到对数据集成架构的分类。

数据集成架构可以分为数据库架构、主数据管理架构、数据仓库/商业智能架构和元数据架构。在有些企业中还包括：

1. 受控域值的清单（代码集）。

2. 主题域、实体和代码集的数据专员职责分配表。[19]

同样值得注意的是，The Open Group的TOGAF®9.2中并没有使用数据集成架构的概念。

下面是对数据集成架构的简要总结。

- 根据DAMA的出版物，数据集成架构、数据流和数据血缘都是相同的概念。
- 数据集成架构描述了数据库、应用程序、系统、业务角色间的数据流及其职责。

信息价值链

DAMA字典将信息价值链定义为"一个将概念层和逻辑层数据模型与流程模型、应用程序、组织、角色和/或目标连接在一起的过程，以提供信息的语境、相关性和时间框架"[20]。

DAMA-DMBOK1对其进行补充，信息价值链"使数据与业务流程和其他企业架构组件协同一致，包括相关的数据交付架构：数据库架构、数据集成架构、数据仓库/商业智能架构、文档内容架构和元数据架构"[21]。

它还说明了该分析的主要工具：以"实体/职能、实体/组织和实体/角色、实体/应用程序"[23]矩阵的形式，展示"数据、流程、业务、系统和技术之间的关系映射"[22]。

奇怪的是，DAMA-DMBOK2并没有提供关于信息价值链概念的任何定义，书中也没有引用这个术语。

另一个有趣的事实是，虽然在DAMA-DMBOK1中将信息价值链视为数据架构的"主要交付成果"[24]，但在主流的企业架构标准TOGAF®9.2中却找不到这个术语。

以下是关于信息价值链的简要概述。

1. 它将概念层和逻辑层数据模型与（业务）流程、角色和各类企业架构关联起来，企业架构类型包括数据库、系统和应用程序、集成、DWH/BI、元数据等。

2. 信息价值链是数据架构的交付成果之一。

3. 主要工具是将数据实体与业务职能、角色、应用程序等进行匹配的矩阵。

通过分析这些术语，我们可以得出以下结论。

1. 不同的行业参考指南对数据血缘的概念有不同的观点。

2. 没有一致、明确的数据血缘定义。定义会随着时间的推移而变化。

3. 其他几个概念的定义也与数据血缘类似。所有这些概念在不同的抽象层级上描述了数据的流动和转换。

4. 这些概念名称经常互换使用。数据链被认为是数据血缘的同义词。数据流被定义为数据血缘的一种类型。数据血缘、数据流和数据集成架构是同一概念的不同名称。图1-2所示为这些概念关系的图形表示。这很复杂，不是吗？

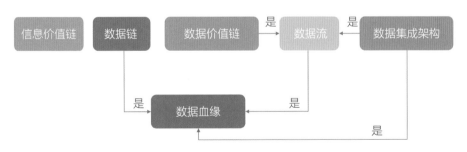

图 1-2　不同概念之间的关系概述

5. 数据流动是在数据原点/源/起点到使用点/当前位置/终点/目标间的界限内进行描述。用来描述界限的词汇展示了数据血缘的一个重要特征：其范围或长度的相对性。这意味着记录数据血缘被限制在数据流的相对"起点"和"终点"之间。

6. 数据血缘展示了数据在组织、业务流程和角色等业务组件间的流动。

7. 数据血缘将数据移动与业务组件相匹配，如组织、业务、流程和角色。

所有这些概念形成了与数据血缘类似的概念的组件清单。

1.2　数据血缘组件

出于分析的目的，图1-3把与各个概念相关的组件组合在一起，形成了概念总览图。与图1-1和图1-2相对应，圆圈的颜色用于区分不同的概念。

分析形成了如下一组组件集，它们构成了与数据血缘相关的概念。

- 业务流程。
- 业务流程中涉及的业务职能和角色。
- IT资产，如系统、应用程序、数据库、网络。
- 在概念、逻辑和物理层上的数据模型。
- 以ETL（提取、转换、加载）过程的形式实现的业务规则及其技术实现。

与数据血缘类似的各个概念在不同的抽象层级上记录数据路径，并使用与这些层级相对应的组件。分析结果确定了与相应组件对应的四个抽象层级。

- 业务层。

  这个层的组件包括业务流程、业务功能和角色，以及IT资产。

- 数据模型层的不同抽象层级。

  ○ 概念层。

  该层的组件有主题域、业务实体、限制规则。

  ○ 逻辑层。

  逻辑层的组件包括数据实体、属性，并描述了数据路径业务（转换）规则。

  ○ 物理层。

  在物理层上，数据血缘组件有数据库、表、列、ETL作业和其他类似的对象。

在分析的最后一步，我们可以总结各个与数据血缘类似的概念和抽象层级间的对应关系，如表1-1所示。

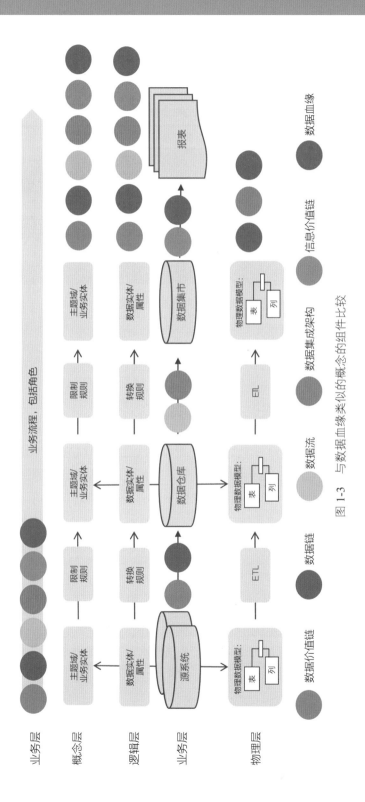

图 1-3　与数据血缘类似的概念的组件比较

成果相当喜人。与数据血缘类似的所有概念都包括业务层、概念层和逻辑层组件。在物理层，增加了数据价值链、数据集成架构和数据血缘等组件。

表1-1　与数据血缘类似的概念和抽象层级间的对应关系

概念/ 抽象层级	业务层	概念层	逻辑层	物理层
数据价值链				
数据链				
数据流				
数据集成架构				
信息价值链				
数据血缘				

我们已经分析了与数据血缘有许多共同点的概念。

有些通用数据管理概念与数据血缘也存在一定的关系，我们将在下一节研究它们。

1.3　数据血缘与数据生命周期的关系

数据血缘和数据生命周期的概念互相关联。我们先浏览一下DAMA字典中对数据生命周期的定义。数据生命周期是指"对如何创建和使用数据的概念化，它试图定义全生命周期的数据的价值链，包括获取、存储和维护、应用、迁移归档和销毁"[25]。有趣的是，该定义中使用了短语"数据的价值链"，即"数据价值链"。在1.2节中，我们已经了解到"数据价值链"的概念类似于数据血缘。这个定义表明了数据血缘和数据生命周期之间的紧密关系。

DAMA-DMBOK2还强调，"生命周期和血缘是交叉的，并且在理解上是互通的。数据不仅有生命周期，也有血缘"[26]。

这种关系的实质可以解释为：数据血缘和数据生命周期的交叉点是某种活动过程。数据生命周期描述了数据从创建时刻到归档和/或销毁时刻所经历的活动过程。数据血缘记录了这些活动过程发生的位置。

数据生命周期的活动过程可以沿数据链在多个应用程序和数据库中被执行。我们可以将数据生命周期的活动过程想象为"数据转换"，可在ETL工具、数据仓库和应用程序中完成数据转换。因此，一个数据生命周期的活动过程可以在数据链的不同位置执行。

由此，我们可以得出结论，数据血缘描述了在不同数据链上的数据生命周期。

不同的数据管理、企业架构和信息技术（IT）能力可以用来处理数据生命周期和数据血缘，下一节将深入探讨这些能力。

1.4　数据血缘与数据管理能力和企业架构

本节将研究数据血缘在不同业务能力中承担的角色。回顾一下数据血缘与以下业务能力之间的关系。

- 企业架构，包括企业数据架构和业务架构。
- 数据管理能力。

数据血缘、企业架构和企业数据架构

企业架构和企业数据架构都是复杂的概念。它们结合了来自不同数据管理能力的交付成果。DAMA字典扩展了这两个概念的定义。

根据DAMA字典，企业架构是指多种模型和设计方法的整合集，以实现信息、流程、项目和技术与企业的目标相一致。企业架构可能包括：

a) 企业数据模型。

b) 相关的数据集成架构。

c) 业务流程模型。

d) 应用组合架构。

e) 应用组件架构。

f) IT基础设施技术架构。

g) 组织业务架构。

h) 企业信息价值链分析，以所有前述各类的架构视角，以及与企业目标的联系和一致性来识别信息价值[27]。

现在，我们来了解一下企业数据架构的定义。企业数据架构是指一组企业级数据模型和设计方法的集合，用来识别战略数据需求和数据管理方案的组件。企业数据架构通常由以下内容组成。

a) 企业数据模型（语境/主题域、概念或逻辑）。

b) 描述主要实体生命周期的状态迁移图。

c) 稳健的信息价值链分析，以确定数据利益相关者的角色、组织、流程和应用程序。

d) 数据集成架构，确定数据在应用程序和数据库之间如何流动[28]。

然而，这些定义有点复杂。为了简化，便于理解，我们将它们整理到表格中，并按照构成组件比较一下。比较结果如表1-2所示。

表1-2　数据血缘、企业架构和企业数据架构的定义比较

组件	数据血缘	企业架构	企业数据架构
业务流程	■	■	
数据模型	■	■	■
IT资产（系统、应用等）	■	■	■
业务职能和角色	■		■
数据集成架构		数据血缘的同义词	数据血缘的同义词
信息价值链			与数据血缘类似的概念
业务架构		■	
IT基础设施架构		■	

通过观察结果，我们可以得出以下结论。

1. 企业架构和企业数据架构是一组类似于数据血缘构成组件的组件集。

企业架构和数据血缘都使用相同的组件，如业务流程、数据模型和IT资产。

企业数据架构和数据血缘都包括数据模型、IT资产，以及业务职能和角色。

2. 两种架构都将数据血缘视为单独组件。需要注意的是，数据集成架构和信息

价值链的概念与数据血缘比较相似。此外，业务流程、数据模型和IT资产都是数据集成架构和信息价值链的组件。因此，企业（数据）架构的定义包括了重复组件。

3. 这个比较显示了企业架构、企业数据架构和数据血缘定义之间的模糊性。

数据血缘和业务架构之间的关系需要单独考虑。

数据血缘和业务架构

TOGAF[®]9.2对业务架构的定义是"对全面、多维业务视图的描述，包括能力、端到端价值交付、信息和组织结构，以及这些业务观点与战略、产物、政策、举措和利益相关者之间的关系"[29]。

为了便于理解本书的内容，我们需要研究一下"业务能力"的概念。

业务能力是指"企业为达到特定目的而拥有或交换的特定能力"[30]。例如，数据管理是一种业务能力，它能够使企业控制数据并从数据中获得价值。

任何抽象层级上的业务能力都可以通过角色、流程、数据和工具来实现，如图1-4所示。

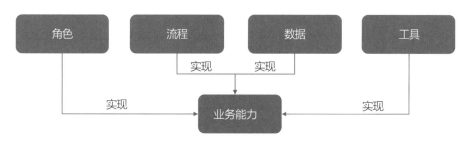

图 1-4　业务能力模型

这四个维度可以实现业务能力。下面来定义每个维度。

流程

流程是为了实现预期目标和/或产生结果的一组活动。一个流程可在不同的抽象层级上进行描述。

角色

角色负责业务能力的交付。利益相关者、业务单位、合作伙伴可以承担一个或多个角色。

数据

根据The Open Group发布的《TOGAF®系列指南：业务能力》中的描述，数据是"业务能力所需或使用的业务信息和知识……也可能是该能力与其他能力之间交换的信息，以支持价值流的执行"[31]。在本书的语境下，可以把"数据"看作一个"数据元"，它"在某种语境下被认为是不可分割的单一数据单位"[32]。业务能力的层级越低，应该使用的数据元层级就越低。

工具

在The Open Group早期发布的《TOGAF®系列指南：业务能力》[33]中，规定工具可能包括IT信息技术系统以及其他有形和无形资产。而在新版文件[34]中，将"工具"重新命名为"资源"。将工具指定为IT资产（如符合数据血缘需求的系统或应用程序）。因此，本书仍然使用"工具"作为业务能力的第四个维度。

如果比较数据血缘和业务能力的组件，会看到它们之间是相互匹配的，如表1-3所示。

表1-3　数据血缘和业务能力组件的比较

数据血缘组件	业务能力组件
业务流程	流程
业务职能和角色	角色
IT资产，包括系统、应用和数据库	工具
概念层、逻辑层和物理层的数据模型	数据
业务规则	数据

通过比较，可得出以下结论：数据血缘不仅描述数据路径，还要记录这些路径的业务能力。

为了更好地理解数据血缘的概念，领会它在不同的数据管理能力中承担的角色和作用也是很重要的。

数据血缘和数据管理能力

这里用到了被广为接受的数据管理框架"DAMA车轮"[35]模型，它是由DAMA国际提供的，其中定义了11个数据管理知识领域，具体如下。

- 数据治理。
- 数据架构。
- 数据建模与设计。
- 数据存储和操作。
- 数据安全。
- 数据集成和互操作性。
- 文档和内容管理。
- 参考数据和主数据。
- 数据仓库和商业智能。
- 元数据管理。
- 数据质量。

本书使用术语"数据管理能力"，而不是知识领域。数据管理能力可将数据血缘视作输出或输入。

通过分析DAMA-DMBOK2[36]，可以发现不同的数据管理能力对数据血缘的使用情况，这些分析结果被汇总在图1-5中。

图 1-5　数据血缘在不同数据管理能力中承担的角色

数据血缘是诸如数据架构[37]、数据集成和互操作性[38]、数据仓库和商业智能（DWH&BI）[39]，以及元数据[40]等管理能力的成果。

数据模型是数据血缘的一个重要组件。数据模型是数据建模和设计能力的成果。因此，本书将此能力添加到上述角色清单中。

DAMA-DMBOK2只将数据血缘作为数据质量能力的输入。根据我的经验，参考数据和主数据也是高度要求数据血缘作为先决条件的数据管理领域。

图1-5将DAMA-DMBOK2提到的所有管理能力都标为蓝色。我加上的能力都标为浅灰色。

DAMA-DMBOK2中还有与数据血缘相关的其他指南，将在下一章详细阐述。

1.5 DAMA-DMBOK2 关于记录数据血缘的建议

在分析了DAMA-DMBOK2后，我发现了与数据血缘相关的两个挑战。

- DAMA-DMBOK2不仅提供了数据血缘指南，还提供了相关概念指南。
  1.1节中已经说明了其他几个与数据血缘相似的概念。它们之间没有明显差异，经常互换使用。数据血缘和数据流是互换使用最多的术语。因此，DAMA-DMBOK2的读者不仅要重视适用于数据血缘的建议，还应关注适用于其他相似概念的建议。

- DAMA-DMBOK2在与各个知识领域相关联的章节中都提供了指导内容。
  DAMA-DMBOK2的每一章都描述了不同的知识领域。有关数据血缘的信息贯穿于各个章节中，并与上述挑战一起，给读者在理解数据血缘的全景图上造成了困难。

下面是DAMA-DMBOK2中有关记录数据血缘的建议总结，在以下知识领域章节中可以找到这些建议。

- 数据架构。
- 数据建模与设计。
- 数据集成和可操作性。

建议1：数据血缘可以被记录在概念、逻辑和物理层上。

DAMA-DMBOK2在各个章节中提供了有关记录数据血缘的各种建议。

例如，在"数据集成和互操作性"一章，DAMA-DMBOK2只提到了高阶数据血缘："记录高阶数据血缘，比如要分析的数据是如何被组织获取或创建的，在组织内哪些位置间流动和更改，以及组织如何将数据用于分析、决策或事件触发"[41]。

在"数据架构"章节，DAMA-DMBOK2给出了以下重要声明："数据流可以被记录在各个细节层上，包括主题域、业务实体，甚至是属性层"[42]。换句话说，数据流可以被记录在数据模型的概念层或逻辑层上。

DAMA-DMBOK2在"数据建模和设计"章节中强调了在物理层上记录数据血缘的必要性。"血缘通常采用源/目标相匹配的形式，用于捕获源系统数据属性，以及它们如何向目标系统数据属性输入数据"[43]。数据血缘能够"跟踪从概念层到逻辑层，再到物理层的数据建模组件"[44]。

建议2：数据血缘应该记录业务规则。

DAMA-DMBOK2中清晰地说明了，数据血缘"能够确保数据流上所有应用程序的业务规则是一致和可跟踪的"[45]。

在"数据集成和互操作性"一章，DAMA-DMBOK2提供了有关记录业务规则的建议。"详细的数据血缘可以包括数据变更规则和变更频率"[46]。

建议3：可以通过使用各种工具来记录数据血缘。

DAMA-DMBOK2将数据血缘工具定义为"允许捕获和维护数据模型上每个属性源结构的软件"[47]。在我看来，这个定义是不完整的，它忽视了描述数据转换的业务规则文档。

DAMA-DMBOK2指出，"微软Excel®是一个常用的数据血缘工具"[48]。"在数据建模工具、元数据存储库或数据集成工具中，也经常捕获数据血缘"[49]。

第11章将更深入地讨论数据血缘解决方案和工具。

前面几节中讨论了几个不同的概念，但在继续阅读下一章之前，我们还需要就本书使用的概念达成一致。

1.6　本书使用的概念

为了方便阅读和理解本书，我们对以下术语和定义达成一致。

数据生命周期是指从创建时刻到归档和/或销毁时刻期间数据流动和数据转换的一组活动过程。

数据链是数据生命周期的物理实现。

数据血缘是对不同抽象层级数据链的描述。

第3章和第4章将进一步丰富"数据血缘"的定义。这些术语之间的关系如图1-6所示。

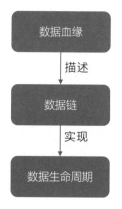

图1-6 数据血缘、数据链和数据生命周期之间的关系

至此，我们已经完成了对现有数据血缘的各种观点和方法的分析。下面是第1章内容的简要总结。

第1章 小结

- 有些概念的定义与数据血缘类似，它们是数据值链、数据链、数据流、集成架构和信息价值链。

- 这些概念通常被当作数据血缘的同义词，可以互换使用。

- 数据血缘包括以下组件。

  ○ 业务流程。
  ○ 业务流程所涉及的业务功能和角色。

- ○ IT资产，如系统、应用程序、数据库、网络。
- ○ 概念层、逻辑层和物理层数据模型。
- ○ 业务规则。
- 数据血缘和数据生命周期的概念相互交叉关联。数据血缘沿着不同的数据链描述了数据生命周期。
- 数据血缘、企业架构和企业数据架构具有共性，它们共享相似的组件。
- 企业架构和企业数据架构都将数据血缘视为其组件之一。
- 数据血缘和业务能力的概念由相同的组件组成。数据血缘不仅描述数据链，还记录了沿数据链的业务能力。
- 有些数据管理能力与数据血缘有关。
  - ○ 数据架构、数据建模和设计、数据集成和互操作性、数据仓库和商业智能、元数据管理等都会产生数据血缘。
  - ○ 数据质量、参考数据和主数据管理的过程都需要数据血缘作为输入。
- DAMA-DMBOK2提供了几个与数据血缘有关的建议。
  - ○ 数据血缘可以被记录在概念层、逻辑层和物理层数据模型上。
  - ○ 数据血缘中应该记录业务规则。
  - ○ 可以通过使用各种工具记录数据血缘。
- 本书使用了三个相互关联的概念：数据生命周期、数据链和数据血缘。

第
2
章

记录数据血缘的业务驱动因素

企业通常有强大的驱动因素来启动数据管理，特别是数据血缘工作。这些工作可能会带来许多与所需资源相关的挑战。这些驱动因素通常同时扮演着"胡萝卜和棍棒"的角色。因此，企业应该在实现数据血缘的需求和实施数据血缘后带来的收益之间寻求平衡。

本章内容简介：

- 分析数据血缘工作的各种业务驱动因素。
- 展示这些驱动因素给企业带来的收益。

阅读本章的收获：

- 定义与企业相关的几组数据血缘业务驱动因素。
- 将法规需求转换为数据血缘模型。

至少有四种重要的数据血缘业务驱动因素，本章将逐一研究：

- 满足法规需求。
- 业务变更。
- 数据管理举措。
- 审计需求。

2.1 满足法规需求

对于多个法规文件提出的需求，都可以通过数据血缘来满足。最著名的法规有巴塞尔银行监管委员会发布的《有效风险数据加总和风险报告原则》"（BCBS 239或PERDARR）标准[1]、欧盟的《通用数据保护条例》（GDPR）[2]、欧洲中央银行监管委员会发布《欧洲央行（ECB）内部模型指南》[3]、IFRS17的《保险合同》[4]，以及许多其他法规。各个行业的法规需求存在差异。例如，BCBS 239只适用于金融机构，而GDPR则与行业无关。

令人诧异的是，到目前为止，任何监管文件都没有明确清晰地提到过"数据血缘"这个术语。

那么，数据管理专业人员如何认识到数据血缘是满足这些法规需求的一种措施呢？他们分析了法规需求，并将它们翻译为数据管理语言，特别是翻译为数据血缘模型。

下面是前面提到的两个法规文件——BCBS 239和GDPR的翻译实例。为了匹配这些法规需求，这里使用了1.2节中讨论的数据血缘模型（图1-3）。匹配结果如图2-1所示。

到目前为止，将这些法规需求与特定的数据血缘组件间进行匹配，我们确定了以下组件。

- 业务流程。
- 涉及的业务职能和角色。
- IT资产，如系统、应用程序、数据库、网络。
- 概念层、逻辑层和物理层的数据模型。
- 以ETL过程的形式实现的业务规则及其技术实现。

业务流程和角色

BCBS 239规定，"无论是涉及自动化处理还是（需人工判断或其他可能原因造成的）手工处理，监管当局都希望银行能够对该风险数据汇总过程进行记录和解释"[5]。该需求匹配数据血缘组件的"业务流程"部分。

BCBS 239强调有必要按照"业务和IT部门对风险数据和信息的所有权"[6]形式记录业务元数据。这些所有权对应数据血缘模型语境中的业务角色。

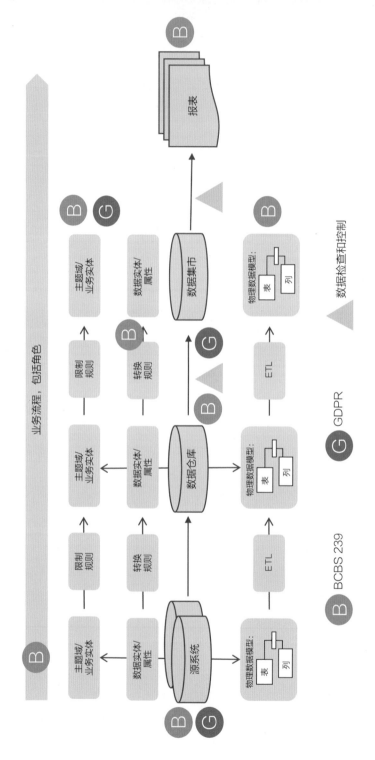

图 2-1 从法规需求到数据血缘模型的匹配

IT 资产

IT资产包括IT系统、应用程序、数据库、网络、ETL工具等。

BCBS 239中的第2条原则"数据架构和IT基础设施"中指出，"银行应该设计、建立和维护数据架构和IT基础设施，以全面支撑其风险数据加总能力和风险报告实践"[7]。

GDPR要求企业应"采取适当的技术和组织措施，保证并能够证明处理是按照本规定执行的"[8]。GDPR的几项条款，例如第24、25、32条，都强调了适当的技术和组织措施的必要性，以保证适当地处理个人数据。

即使没有直接要求记录应用程序间的数据流，每个数据管理专业人员仍然会如此"翻译"这些需求。

现在，我们来分析下一个数据血缘元素：数据模型。

概念层、逻辑层和物理层的数据模型

我们通常从三个抽象层级上识别数据模型：概念层、逻辑层和物理层。下面来逐层分析它们的需求。

概念层

BCBS 239将组织的注意力吸引到业务字典中，业务字典是指"在报告中使用的概念，保证整个组织内数据定义的一致性"[9]。此语境中的业务字典是一组业务术语。从数据血缘的角度来看，业务字典对应着概念层数据模型。

逻辑层

BCBS 239指出，需要维护"风险数据项的清单和分类"[10]，可将这些风险数据项与逻辑层数据模型的数据元相对应。除此之外，还需要维护"自动、手动编辑和合理性检查，包括应用于量化信息的验证规则清单"[11]。"清单应包括解释用于描述数学或逻辑关系的惯例，验证或检查的目的就是检验这些关系"[12]。在数据管理语言中，我们将这份清单解释为业务规则库。

BCBS 239建议记录"集成的数据分类和架构，其中包括关于数据的特征信息

（元数据），以及包括法人实体、交易对手或客户和账户等数据的单一标识和/或统一命名约定的应用"[13]。这些也可以作为记录逻辑层血缘的需求。

对于记录个人信息的其他需求，GDPR要求记录"数据主体的类别和个人数据分类的描述"[14]。这些类别可以翻译为数据分类，与逻辑数据模型相关。

物理层

GDPR列出了数据主体的权利，其中的一些例子如下。

- 有权要求控制者对其个人数据进行删除[15]。
- 有权限制控制者处理数据[16]。
- 有权以结构化、通用和可以机读的方式接收个人数据……和……有权将这些数据传输给其他控制者。

为了确保这些权利的行使，企业需要了解在物理层上数据如何在各个应用之间流动。

除了针对最初确定的数据血缘组件需求，BCBS 239和GDPR这两个法规文件还强调了控制数据质量的必要性。

数据质量控制

BCBS 239非常明确地提出，"测量和监测数据的准确性"[18]是很有必要的。它强调，"银行必须能够生成全部风险汇总数据，并计量和监测风险数据的完整性"[19]和"围绕风险数据的控制措施应该与财会数据的控制措施同样稳健"[20]，以及"通过异常报告来识别、报告和解释数据完整性中的数据错误或数据不完整的流程"[21]。

GDPR专注于与个人数据处理相关的"技术和组织措施，以保证与风险一致的安全水平"[22]。

数据质量需求的匹配是法规需求和数据血缘模型之间匹配的最后示例。

我们可以用此方法将其他法规文件和数据管理概念的需求匹配到数据血缘模型上。

法规需求是许多企业开始实施数据血缘工作的重要驱动因素。记录数据血缘的第二种业务原因是业务变更。对许多业务和IT专业人员的日常工作绩效来说，这些原因可能更重要。

2.2 业务变更

企业会经常处理各种类型的业务变更，比如信息需求的变化、应用程序环境的变化、组织结构的变化。影响分析和根因分析是执行这些变更时要用到的工具。记录数据血缘对完成这些分析有很大的帮助。图2-2以图形化的方式展示了各种分析。

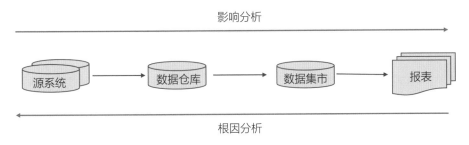

图 2-2　影响分析和根因分析

影响分析

影响分析允许自始至终跟踪数据链上的变化。数据库内的变化也需要进行影响分析。这些变化会影响数据链上的后续数据库和最终报告。数据血缘有助于预测整个数据链上的变化。

根因分析

新的信息需求需要进行根因分析。目前，这种情况经常发生，例如新监管法规和管理信息要求。

根因分析有助于从数据使用点向数据源点回溯。这些分析结果将可以：

- 说明数据需求。
- 评估所需数据的可用性。
- 评价潜在的数据源。

数据血缘能简化根因分析的执行。

下一组驱动因素是各种数据管理举措。

2.3　数据管理举措

数据质量、参考数据和主数据管理、数据仓库和商业智能（DWH和BI），以及数据集成都是重要的数据管理能力，需要数据血缘作为输入来完成这些活动。这些能力的实施已列入全球许多企业的工作议程。

下面简要分析这些能力中数据血缘的使用情况。

数据质量

如果没有数据血缘的支撑，那么有两类数据质量活动几乎无法完成。

第一类活动是解决数据质量问题。通常，信息问题是在数据和信息链末端被发现的。大多数情况下，信息问题主要体现为报告数据的不一致。为了找出问题原因，需要对数据转换进行彻底且详细的逆向分析。

第二类活动聚焦于数据问题的预防。通过收集数据和信息质量要求，并在数据和信息链上构建数据检查和控制机制来防止发生数据问题。

参考数据和主数据

参考数据和主数据是组织中共享和使用最多的数据。要正确地管理这些数据，需要协同数据源。数据血缘允许跟踪参考数据和主数据的来源。它还可以帮助我们优化使用这些数据的数据链。

DWH 和 BI，以及数据集成

从DWH和BI的角度来看，优化数据集成过程是有效利用IT资源的关键。被记录下来的数据血缘和业务规则有助于使数据转换更加透明。

数据血缘的最后一组业务驱动因素是审计需求。

2.4　透明性和审计需求

财务和风险专业人员花费大量时间使报告中的数字满足审计需求。这项任务需要数据链上数据转换的知识。正确记录数据血缘有助于使数据具备可跟踪性和透明性。

到目前为止，我们已明确了激励企业实施数据血缘工作的主要业务驱动因素。要启动这类工作，企业应该有一个与业务驱动因素相对应的数据血缘模型。

下一步是数据血缘元模型的一致性。

第 2 章　小结

- 企业应该有强大的业务驱动因素来执行数据血缘工作。这些工作是时间和资源密集型的。
- 有四种需要实现数据血缘的业务驱动因素。
  - ○ 满足法规需求。
  - ○ 业务变更。
  - ○ 数据管理举措。
  - ○ 审计需求。
- 将法规需求与数据血缘模型相匹配，是一种识别数据血缘法规需求的方法。
- 数据血缘的法规需求影响所有数据血缘组件，例如：
  - ○ 业务流程和角色。
  - ○ IT资产，如系统、应用程序、数据库、网络。
  - ○ 概念层、逻辑层和物理层数据模型。
  - ○ 业务规则。
- 数据质量控制也是这些法规需求的一部分。
- 业务变更需要执行影响分析和根因分析。数据血缘是完成这类分析的一种方法。
- 各种数据管理能力都需要记录数据血缘，实现数据质量、参考数据和主数据管理、数据仓库和商业智能（DWH和BI）等都是这些能力的例子。
- 数据血缘有助于满足透明性和审计需求。

第3章 | 元模型的概念

建立数据血缘元模型有两个目的，首先，它应该能有助于规范数据血缘的需求；其次，它应能优化数据血缘的实施。

阿尔伯特·爱因斯坦曾说"模型应该尽可能简单，但不是简化"[1]，这句话也表达了构建数据血缘元模型的意图。该模型既应该具有通用性，以覆盖各种需求，又要实现起来足够简单。

本章内容简介：

- 统一设计数据血缘元模型所需的术语。
- 研究元模型和元数据的概念。
- 对数据血缘元模型的结构达成一致意见。

阅读本章的收获：

- 确定符合企业实践的数据、信息、元数据的定义。
- 了解数据血缘元模型的设计和验证方法。

为了成功地实现上述目标，我们需要在术语上保持一致。

下面先从数据和信息的基本概念开始。

3.1 数据和信息的概念

我曾经从我的一位客户那里得到了一个深刻的教训。我已经与这位客户就数据管理框架范围讨论了好几周。有一天，一位高层经理问了我一个简单的问题：
"'数据'是什么意思？我们在谈什么？"因此，我与这位客户又花了几周的时间，才就符合企业业务实际的"数据"和"信息"的定义达成一致。

所以，我们首先要对这两个基本概念在理解上达成一致。我会参考行业指南和ISO标准，查阅它们的定义。

根据DAMA字典，数据是"用文本、数字、图形、图像、声音或视频表示的事实"[2]。DAMA词典还指出，数据是"脱离了语境，本身没有任何意义的单个事实"[3]。在ISO/IEC 11179-1:2015《信息技术—元数据注册表（MDR）—第1部分：框架》（*Information technology–Metadata registries(MDR)–Part1：Framework*）中，将数据定义为"以形式化的方式重新解释信息的表现形式，以使其适合通信、解释或处理"[4]。The Open Group发布的TOGAF®9.2将信息定义为"采用任何媒介或形式（包括文本、数字、图形、制图、叙述或视听形式）的事实、数据或观点交流及描述"[5]。在韦氏词典中，将数据定义为"可以传输或处理的数字形式的信息"[6]。

正如所见，业界有许多令人困惑和不匹配的关于数据和信息的定义。图3-1以概念图的形式将所有这些定义组合在一起。

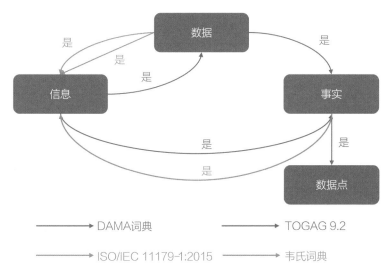

图 3-1　数据和信息定义的概念图

乍一看，你可能认为这个概念图模型对数据和信息没有明确且一致的定义，即使同一专业领域的著名指南和标准也是如此。

以下对"事实"的定义会让人更加困惑。根据DAMA字典中的定义，事实是一个"可验证的真实数据点"[7]。顺便提一下，DAMA字典并没有为"数据点"提供任何定义。因此，如果没有它（数据点），"事实"的定义就没有任何价值。韦氏词典将"事实"定义为"一条具有客观现实的信息"[8]。将这两个附加的定义添加到图3-1中，就形成了一个闭环。

对"数据"和"信息"定义的挑战，勾起了我对著名的"鸡与蛋"困境的记忆。在写这本书的时候，我决定更深入地挖掘数据和信息的概念，并使用清晰且合乎逻辑的定义。不出所料，我发现了大量针对各种语境提出的数据和信息的定义。在大多数情况下，这些定义只要脱离了指定语境，就几乎没有什么适用性。

在本书中，我决定使用Russell L. Ackoff在"数据—信息—知识—智慧"层次结构中提出的方案，如图3-2所示。

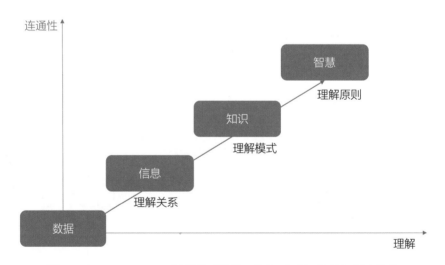

图 3-2　Russell L. Ackoff 提出的"数据 - 信息 - 知识 - 智慧"层次结构

"数据"是一个基本概念。当我们理解了数据元之间的关系，就进阶到"信息"；发现"信息"中的模式，就获得了"知识"；一旦理解了隐藏在知识中的原则，就达到了顶峰，即获取"智慧"。

在数据血缘的语境中，我们关注的是对"数据"、"信息"和相关术语的定义。本书将使用以下定义。

数据是"一种适合人类或自动化的通信、解释或处理方式"的信号的物理或电子表示。[10]

数据表示的实例有文件、文本、数字、图形、声音、视频和音频记录。

"信号是表明某些事情存在或可能发生或未来存在的东西。"[11]

"数据元是某个语境中最小的可识别数据单元,其定义、标识、允许值和其他信息是由一组属性确定的。"[12]

数据实例是在某个有效时间点上的数据元的一个特定值。

语境是一组识别特定物理对象、概念、过程、现象等边界的条件。

信息是指语境中允许解释其含义和关系连接规范的数据。

元数据是指在特定语境中定义和描述其他数据的数据。

图3-3展示了这些术语之间的关系。

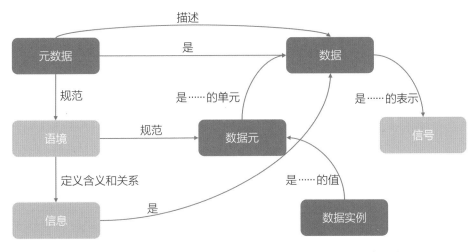

图 3-3 数据、信息、元数据、数据元和数据实例术语间的关系

数据是信号的表示。数据元是特定语境中的数据单位。数据实例是数据元在特定时间点的值。元数据是在特定语境中可以描述其他数据的数据。数据在一个特定内容中就变成了信息。语境能够定义数据的含义和关系。

本书深入且密集地使用了图3-3中深蓝色标记的术语,即"数据""元数据""数据元"和"数据实例"。

3.2 元数据语境下的数据血缘

正如刚刚定义的，元数据也是数据。这意味着，根据其所处的语境，同一数据既可以是数据，也可以是元数据。记住，具体数据并不始终是元数据。为了理解元数据在数据血缘概念中扮演的角色，我们需要更深入地研究元数据的分类。

根据不同的数据来源，可以发现不同的元数据分类方法。即使在DAMA组织的出版物中，也已经大幅调整了元数据的分类方法。

DAMA字典[13]描述了8种元数据类别，而DAMA-DMBOK2规定的元数据类别和对元数据的分类如下。

- 业务元数据。

  "业务元数据主要关注数据的内容和条件，并包括与数据治理相关的细节。"[14]

- 技术元数据。

  "技术元数据提供有关数据的技术细节、存储数据的系统，以及在系统内和系统间数据流动过程的信息。"[15]

- 操作元数据。

  "操作元数据描述数据处理和访问的细节。"[16]

元数据分类的关键挑战之一是理解元数据的基本原则。DAMA-DMBOK2基于数据生命周期过程中涉及的各类数据利益相关者视角对元数据进行分类。然而，基于这个视角的假设，并没有对DAMA-DMBOK2各种元数据类型间的区别给出全面解释。

我们继续探讨和检查DAMA-DMBOK2在元数据语境中对数据血缘的描述。遗憾的是，它对此也没有给出清晰的观点。首先，"数据溯源和数据血缘"[17]被归类为业务元数据。然而，技术元数据清单中有"数据血缘文档，包括上游和下游的变更影响信息"[18]。因此，数据血缘似乎既是业务元数据，又是技术元数据。这种分类初看似乎模棱两可。实际上，这是可解释的。数据血缘可以在不同的数据模型层级上进行记录。概念层和逻辑层数据模型的数据血缘文档可视为业务数据血缘。业务利益相关者也需要业务数据血缘。物理层数据模型的数据血缘文档可能属于技术元数据，是技术人员关注的内容。

我们需要关注的一个挑战，就是元数据和数据血缘概念间的关系。数据血缘本身就是元数据。为了描述和记录数据血缘，应该使用其他元数据。这就导致形成了一个复杂的数据血缘元模型。将1.2节中讨论的数据血缘组件，与DAMA-DMBOK2[19]中描述的与数据血缘相关的元数据类型进行比较，结果如表3-1所示。

在表3-1中，第1列显示了1.2节中确定的数据血缘组件，第2列包含了DAMA-DMBOK2中的元数据组件，第3、4、5列中是DAMA-DMBOK2对这些具体元数据的分类，以及描述这些组件的元数据。

经过分析确认，作为元数据对象的数据血缘必须由其他元数据对象描述。这些元数据对象形成了一个具有多个层次的结构。后续的章节在讨论数据血缘元模型时会说明这个结构。

表3-1　数据血缘组件和元数据类型之间的比较

数据血缘组件	DAMA-DMBOK2中的元数据组件	业务元数据	技术元数据	操作元数据
数据血缘作为整体对象	数据来源和血缘			
	数据血缘，包括上游和下游变更影响信息		记录文档	
业务流程				
业务职能和角色				
系统和应用	程序和应用		名称和描述	
	数据库		对象特征	
数据模型	数据集	定义和描述		
	数据模型：			
	-概念模型			
	-逻辑模型			
	-物理模型		表名、键、索引	
	模型和实物资产之间的纵向连接			
	数据表	定义和描述	物理名称	
	数据列	定义和描述	物理名称、特征	
	文件格式模式		定义	

续表

数据血缘组件	DAMA-DMBOK2中的元数据组件	业务元数据	技术元数据	操作元数据
业务 （转换规则）	业务规则			
	转换规则			
	计算规则			
	衍生规则			
	ETL作业		细节	批处理程序的执行日志
数据质量规则	数据质量	规则和测量结果		

3.3 元模型的定义

为了构建数据血缘的元模型，首先应该在元模型的定义上达成一致。

不同的行业指南和标准对元模型概念的定义有各种不同的观点。基于这些不同的观点，它们给出了不同的定义。

DAMA字典给出的元模型定义是"规定一个或多个其他模型的模型"[20]。The Open Group发布的TOGAF®9.2标准中对元模型的定义是"一种描述如何以结构化方式描述架构的模型"[21]。

在ISO标准中，ISO/IEC 11179-1:2015的《信息技术—元数据注册表（MDR）—第1部分：框架》中也提供了一个关于元模型的定义。这个定义已经随着时间的推移而演变。ISO/IEC 11179:2004定义元模型是"描述元数据的模型"[22]。新版本的ISO/IEC 11179-1:2015将元模型定义为"规定一个或多个其他模型的数据模型，如数据模型、流程模型、本体等"[23]。

了解所有这些定义是相当具有挑战性的，不是吗？为了便于理解，我们将所有这些定义以概念图的形式展示在图3-4中。

图 3-4 术语"元模型"的概念图

从概念图和定义中可以推导出以下内容。

- 元模型属于一种模型。
- 元模型是描述元数据的模型。
- 元模型能具体说明其他模型。

对这些定义的理解总结如下。

模型是对事物的抽象表示，如物理对象、过程、现象等。

元模型是描述其他模型所需元数据的模型。

下一章将创建一个数据血缘元模型。

第3章 小结

- 数据血缘元模型有两个目的。
  - 说明数据血缘的需求。
  - 确定数据血缘实现的范围，并进行优化。
- 术语"数据"和"信息"基于不同的语境有不同的定义。
- 本书使用以下术语。
  - 数据是"以适合人类通信、解释或处理的方式"对信号的物理或电子表示[24]。
  - 信息是语境中允许解释其含义和关系连接规范的数据。
  - 元数据是指在特定语境中定义和描述其他数据的数据。
- 元数据有各种分类，本书使用DAMA-DMBOK2提出的分类。
- 元数据可以分为以下种类。
  - 业务元数据。

○ 技术元数据。

○ 操作元数据。

- 根据DAMA-DMBOK2，数据血缘是元数据，属于业务和技术元数据。
- 模型是对物理对象、过程、现象等的抽象表示。
- 元模型是描述其他模型所需元数据的模型。

第 4 章 | 数据血缘元模型

到目前为止，我们已经研究了与数据血缘元模型相关的几个概念。结合行业指南、法规文件和各种数据管理概念的分析，我们可以得出以下结论。

- 数据血缘、数据链和数据生命周期三个概念相互关联。数据生命周期是从创建到存档和/或销毁期间数据流动、转换的过程。数据链是数据生命周期的物理实现。数据血缘记录了数据链。
- 数据血缘可在四个抽象层级上进行记录。
  - 业务层。
  - 不同抽象层级的数据模型：
    - 概念层。
    - 逻辑层。
    - 物理层。
- 数据血缘的主要组件如下。
  - 业务流程和角色。
  - IT资产，如信息系统、应用程序、数据库、网络等。
  - 概念层、逻辑层和物理层数据模型。
  - 以ETL过程的形式实现的业务规则及其技术实现。
- 数据血缘记录了数据链上的业务能力。

现在我们需要把所有这些内容整合在一起。

本章内容简介：

- 完成数据血缘元模型的设计。
- 形成每个抽象层级的元数据组件、元数据元素和关系的清单。
- 设计数据血缘元模型的概念图和逻辑模型。

阅读本章的收获：

- 设计符合企业需求的数据血缘元模型。
- 确定要记录的数据血缘组件和元数据元素。

我们将深入讨论每个数据血缘层的元数据组件、对象和元素。

4.1 数据血缘元模型的结构

3.3节给出了"模型"和"元模型"的定义，现在我们可以给出数据血缘的相应定义。

数据血缘是在不同的抽象层级上描述数据链的模型。

数据血缘元模型是描述记录数据血缘模型所需元数据的元模型。

数据血缘元模型的结构如图4-1所示。数据血缘元模型中包括一个或多个数据血缘层，如业务层、概念层、逻辑层和物理层。每个具体的层包括一个或多个组件，例如，逻辑层数据血缘由数据实体、属性、业务规则以及它们之间的关系来描述。元数据元素同时描述了数据血缘层和组件，例如，业务流程应该具有诸如标识号（ID）、名称、所有者等元数据。

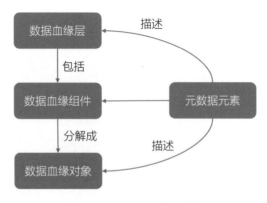

图 4-1 数据血缘元模型的结构

下面我们将深入讨论每一层、相应的组件和元数据元素。

4.2 业务层

业务层的数据血缘服务于业务利益相关者的需要,包括并匹配以下组件。

- 业务能力。
- 流程。
- 业务角色。
- 业务主题域。
- IT资产。

后四个组件分别代表实现业务能力的维度:流程、角色、业务主题域(数据)和IT资产(工具)。

业务层的概念图如图4-2所示。

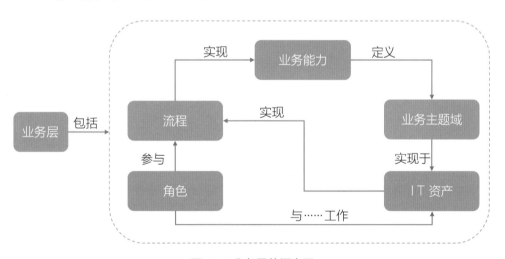

图 4-2 业务层的概念图

业务层的数据血缘包括一组组件,其中最首要的是业务能力。流程支持一个或多个业务能力。角色和IT资产支持流程的实现。角色使用IT资产完成工作。业务能力定义了业务主题域。

4.2.1 业务能力

每家企业都要处理与其业务模型对应的数据。根据TOGAF®9.2，业务模型是"描述企业创建、交付和获取价值的基本原理的模型"[1]。业务架构使用业务能力和业务流程来描述业务模型。

The Open Group发布的《TOGAF®系列指南：业务能力》[2]中介绍了业务能力的概念："业务能力是企业可以拥有或交换的用以实现特定目标的特殊能力。"[3]

描述业务能力的两个主要的元数据元素如下。

- 业务能力层级。
- 实现维度。

下面逐个研究这两个元数据元素。

业务能力层级

根据《TOGAF®系列指南：业务能力》[4]，业务能力被分为三类。

- 战略能力。
  战略能力是"与企业的业务战略和方向设定"[5]相关的业务能力。例如，规划、政策管理就属于战略能力。

- 核心能力。
  核心能力是表达"企业核心的、面向客户的要素"的业务能力。例如，客户管理和产品管理就属于核心能力。

- 支撑能力。
  支撑能力是"对企业的业务运作至关重要"的业务能力。例如，财务管理和数据管理就属于支撑能力的代表。

业务能力可以分解为更低的层级，以便于沟通更多的细节。

现在来看第二个元数据元素：实现维度。

实现维度

流程、角色、工具和数据都可以实现业务能力。1.4节已经讨论过这些维度的定义。

如图4-3所示，业务能力组成内容的概念图中展示了上面讨论的两个元数据元素：业务能力层级和实现维度。

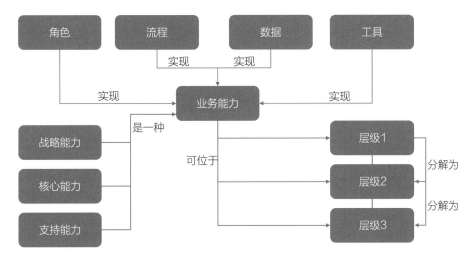

图 4-3　"业务能力"组成内容的概念图

除了这两个元数据元素，企业还应该记录其他元数据元素，如标识号和业务能力名称。

业务能力名称通常是一个复合名词，原因是业务能力描述了企业做的事情。业务能力名称没有试图解释企业如何、为何以及哪里需要这种能力。

4.2.2　流程

流程是为了实现预期目标和/或产生结果的一组活动。一个较高层级的流程可以分解为多个较低层级的流程。因此，一组流程形成了一个层级结构。流程也可以横向连接，形成流程链。根据对目标的分类，流程可以分为不同的类型。

在较低的抽象层级上，一个流程可以被向下分解为活动。在一个流程中，活动间应横向连接成一个逻辑次序。所有的关系如图4-4所示。

业务流程管理是一种说明有关记录流程需求的业务能力。

"流程"和"活动"都属于元数据组件，并且由元数据元素描述这些组件。我们可以使用流程来记录业务、技术和操作元数据。下面通过示例说明。

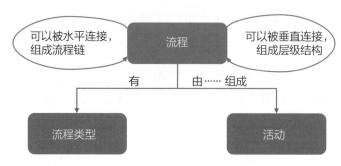

图 4-4 "流程"组成内容的概念图

业务元数据元素

- 标识号和名称。

  每家企业都应维护现有的流程目录，因此，每个流程和/或活动都应该具有一个标识号和一个名称。

- 业务流程类型。

  有几种业务流程分类可供选择。这些分类取决于企业的需求及其具体业务。例如，根据执行方式的不同，业务流程类型可以分为：自动化、手动或半自动化。这意味着在数据血缘场景中，业务流程要么由人员执行，要么由IT系统执行。

- 业务流程所有者。

  强烈推荐将此元数据元素记录在案，企业要特别重视其资产及其所有权。

- 业务流程状态。

  状态能够说明流程开发和文档编制所处的某一阶段，其取值是企业特有的，例如，"已设计"和"已实现"就是两个状态值。取值取决于分类的目的和场景。

技术元数据元素

技术元数据元素用在IT系统流程中，例如，ETL进程的名称和描述就是技术元数据。

操作元数据元素

操作元数据元素可以同时描述业务和IT系统流程。

- 执行流程和/或活动所需的时间。
- 作业执行日志。
- 错误日志。

4.2.3　角色

在数据血缘场景中，可以为各种对象分配角色，例如组织、特定人员和IT系统/应用程序。以下定义说明了可用于角色的业务元数据元素。

业务元数据元素

- 标识号和名称。

  名称取决于分配角色的对象。

- 角色对象。

  业务角色可以被分配给组织、个人或IT系统/应用程序。角色的确定取决于业务场景。以数据管理场景为例，组织可以承担数据供应商或数据消费者的角色，个人可以是数据管理者或数据分析师等角色，数据消费者或生产者的角色可以分配给信息系统。

  其余的业务元数据元素取决于分配角色的场景。

4.2.4　业务主题域（数据）

业务主题域表示业务能力需要处理的数据。例如，客户管理能力处理客户数据。业务主题域是一种在最高抽象层级上描述数据的元数据元素。

我们将在4.4节详细讨论业务主题域。

4.2.5　IT 资产（工具）

下一个元数据对象是IT资产。对数据血缘来说，"IT资产"是指IT系统、应用程序、数据库和ETL工具。

通常，术语"系统"和"应用程序"可互换使用。然而，它们有不同的定义。本书使用的定义如下。

"**系统**是为实现一个或多个既定的目的而组织起来的交互元素组合。"[8]

信息技术（IT）系统是由"一台或多台计算机、相关软件、数据库、外设、终端、人工操作、物理流程、信息传递方式等组件组成，能够自主、整体地执行信息处理和/或信息传递"[9]的系统。

IT应用程序是支持一个或多个相关业务能力的软件。

数据库是"一起存储在一个或多个计算机文件中的相关数据集合"。以上术语之间的关系如图4-5所示。

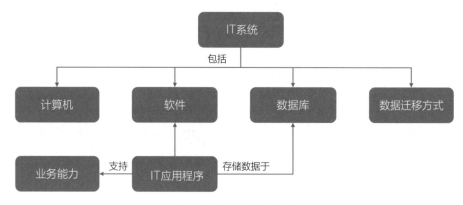

图 4-5 "IT 资产"组成内容的概念图

IT系统、IT应用程序、数据库和数据迁移方式应该被视为数据血缘元模型的组件。以下业务和技术元数据元素就是在业务层描述这些数据血缘组件的示例。

业务元数据元素

- IT资产的标识号、名称和描述。
- IT资产的所有者。

技术元数据元素

- 应用程序和/或数据库的标识号、名称和描述。
- 数据库类型。
- ETL类型。
- 数据库模式。

到目前为止，我们已经描述了业务层数据血缘的主要组件。接下来研究下一层，分别是：概念层、逻辑层和物理层。它们对应不同抽象层级的数据模型。在详细讨论之前，下一节将讨论与数据模型相关的一些挑战。

4.3　与数据模型相关的挑战

在前几章中，我们已经给出了术语"数据"和"模型"的定义[11]。

数据是"一种适合人或自动化的通信、解释或处理方式"的信号的物理或电子表示。

模型是对物理对象、流程、现象等的抽象表示。

数据模型是一种在不同抽象层级上表示数据的模型。

下面我们将更深入地研究与数据模型相关的几个挑战。

挑战 1：存在不同的数据模型构建方法。

传统方法认为数据模型存在三个抽象层级：概念层、逻辑层和物理层。DAMA-DMBOK2提供了这些方法的详细描述。

另有两种方法也值得一提。

- 数据模型领域著名咨询师Thomas Frisendal提出的方法。他在《NoSQL和SQL的图数据建模》[13]一书中推荐了三层模型：业务概念模型、解决方案数据模型、物理数据模型。
- Eric Evans提出了"领域驱动设计"[14]方法。这种方法提出，在不同抽象层级上将业务划分为不同子域。

方法没有"好"或"坏"之分。在某些条件下，每种方法都是合理的，这取决于使用方法的目的和信息系统架构。下面来看第二个挑战。

挑战 2：不同的数据模型有不同的使用目的。

数据模型可以基于不同的目的来使用，例如将数据模型用于数据描述、解决方案设计。当数据模型用于数据描述时，数据模型通常与信息系统无关。而当数据模型用于设计解决方案时，数据模型则依赖于系统。在某些情况下，同一个模型可同时用于两个目的。

简要分析各种数据模型的使用目的，如表4-1所示。

表4-1 各种数据模型的使用目的比较

数据模型方法	数据模型的抽象层级	使用目的	
		系统无关	系统依赖
传统方法	概念层		
	逻辑层		
	物理层		
Thomas Frisendal方法	业务概念模型		
	解决方案数据模型		
	物理数据模型		
领域驱动设计			

例如，逻辑数据模型既可以与系统无关，也可以依赖系统。物理数据模型总是依赖于系统，并服务于解决方案设计的目的。

下面来看使用数据模型的第三个挑战。

挑战3：不同数据建模设计方法使用专用的图表符号。

DAMA-DMBOK2[15]介绍了六种常见的建模方法及其专用的图表符号。这些方法的使用取决于选择的数据库类型。拥有多种类型数据库的企业被迫使用不同的方法来记录数据模型内容。这可能导致数据血缘文档的复杂化。数据血缘展示了数据元素在不同数据模型间的流动。如果使用不同的图表符号创建数据模型，那么处理数据血缘文档将成为具有挑战性的工作。第四个挑战关注于业务模型和数据模型间的关系。

挑战4：未明确定义业务模型和数据模型间的连接方法。

现有的数据建模方法并没有提供连接业务模型与数据模型的清晰规则。

第12章将提供有关业务能力和数据模型间相互匹配的建议。第五个挑战与逻辑层的数据模型有关。

挑战5：一个逻辑数据模型可以在多个软件应用程序中实现。

逻辑数据模型被认为与实现的应用软件无关。这意味着一个逻辑数据模型可以存在多种物理实现。数据血缘是数据在不同层级的数据模型间的流动。例如，企业决定在逻辑层和物理层上记录数据血缘，并且同一个逻辑数据模型可能由企业不同位置的不同软件应用程序实现。此外，逻辑数据模型的一个数据元素或属性可能在不同物理位置和不同系统间进行转换。在这种情况下，企业的数据血缘文档资料将面临以下两个挑战。

- 维护逻辑数据模型和物理数据模型间的纵向连接关系。
- 记录逻辑数据模型和多个基础物理数据模型间的横向血缘关系。

数据库方案和数据建模间的依赖性使人们对上述提到的逻辑数据模型与软件应用程序实现间的独立性产生质疑。

前面讨论的与数据模型相关的五个挑战，是我在实践中遇到并总结出来的。读者可以根据实际情况添加其他内容。

现在，我们来讨论不同层级数据模型的数据血缘组件定义。本书使用以下传统数据模型层级名称。

- 概念层。
- 逻辑层。
- 物理层。

下面讨论概念层。

4.4　概念层

为了提炼概念层的元数据组件，我们首先要研究两种不同的模型。

- 概念模型。
- 语义模型。

下面逐一详细地研究。

4.4.1　传统概念模型

DAMA-DMBOK的出版物中总结了概念模型的本质。

有趣的是，DAMA-DMBOK1和DAMA-DMBOK2采用了不同的方法来说明概念模型。

根据DAMA-DMBOK1[16]中的介绍，组织应首先定义主题域模型（见图4-6）。主题域模型中包括12—20个业务主题。每个业务主题进一步被分解为一组业务实体。概念视图包含15—300个业务实体及其之间的关系。

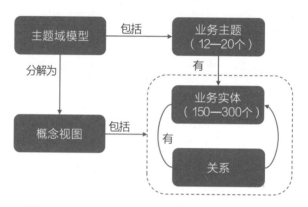

图 4-6　DAMA-DMBOK1 中的主题域模型示意图

DAMA-DMBOK2[17]改变了主题域模型和概念模型之间的结构和从属关系，如图4-7所示。

概念模型是一组重要的业务主题域和关系。业务主题域应与组织业务模式相关联。有关业务主题域的定义尚未说明。

概念模型中应包括12—20个业务主题域。然后，概念模型分解为一组主题域模型。每个主题域模型对应一个业务主题域，包括50个以上的业务实体。

值得一提的是，业务主题域、业务实体，以及实体之间的关系仍然是这个抽象层级上的元数据对象。

传统方法中缺乏诸如业务术语和定义等语义内容，我们可以使用语义模型而不是传统概念模型来克服业务术语和定义方面的挑战。

现在来探讨概念层的另一种数据模型形式——语义模型。

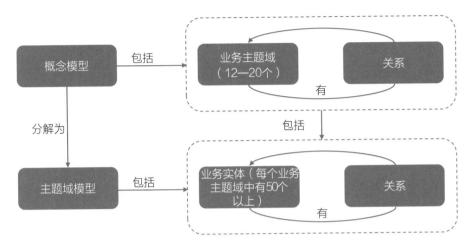

图 4-7　DAMA-DMBOK2 中的概念层示意图

4.4.2　语义模型

DAMA字典对语义数据模型的定义是"为非表格数据提供结构和定义的概念数据模型，使含义足够明确，以便人或软件代理商能够理解"[18]。技术百科将语义模型描述为"包括语义信息的概念数据模型，语义信息包括数据及其之间关系的基本含义"[19]。

我还没找到语义模型结构和元数据对象的一致定义。Thomas Frisendal在《NoSQL和SQL的图数据建模》[20]一书中描述了他的语义建模方法。他提出了"业务概念模型"这一概念，该模型描述了元数据对象，即业务对象，如图4-8所示。

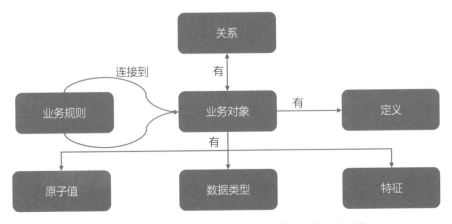

图 4-8　Thomas Friesendal 的业务概念模型中的业务对象

业务对象具有特征、数据类型、原子值和定义。业务对象之间存在关系。业务规则指定业务对象的约束条件。

将传统概念模型与语义模型进行比较，结论如下。两种模型都具有相似的元数据对象，如业务对象和实体。然而，语义模型包含的对象更多，并且比传统概念模型更详细。

在本书中，我们将继续介绍数据血缘的概念层模型。

4.4.3　本书使用的概念层模型

这里的模型将前面讨论的传统的概念模型和语义模型的最佳特征结合在一起。概念层模型的概念图如图4-9所示。

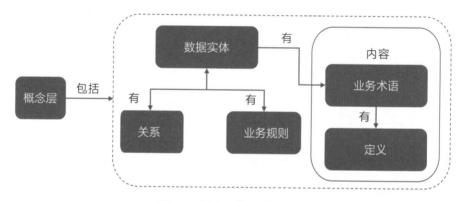

图 4-9　概念层模型的概念图

概念层包括数据实体和它们之间的关系。业务规则标识了不同数据实体之间的约束。数据实体具有唯一的业务术语和相应定义。在概念层中，业务术语和定义保持唯一。

在概念层中，业务元数据元素描述了数据血缘的组件，示例如下。

业务元数据元素

- 所有者。

  所有者是负责描述和维护组件的角色。

- 创建、修改、删除日期。

- 表示对象生命周期的阶段状态。

- 关系类型。

 关系可以有各种类型。本书中使用的关系就是一个例子。

数据血缘概念层的组件可以被分解到逻辑层，两者之间可以相互进行匹配。逻辑层是下一节介绍的主题。

4.5 逻辑层

为了推导逻辑层的元数据组件，我们首先比较一下两种不同的逻辑层模型方法。

- 传统逻辑模型。
- 解决方案模型。

先从传统方法开始。

4.5.1 传统逻辑模型

DAMA出版物中简要介绍了传统逻辑模型方法。DAMA-DMBOK2将逻辑模型定义为"实体—关系数据模型，包括代表数据固有特征的数据属性，如名称、定义、结构和完整规则性，且独立于软件、硬件、数据体量、使用频率或性能因素"[21]。[1] DAMA-DMBOK2所使用的方法和术语主要集中在关系数据库中。

数据实体、数据属性及二者之间的关系是传统逻辑模型的元数据组件。DAMA出版物对这些术语的定义如下。

数据实体

DAMA字典和DAMA-DMBOK2对数据实体的定义完全不同。DAMA字典定义数据实体是"使用名词词性来描述的现实世界中的对象分类，如与企业利益相关的人、地点、事物、概念和事件"[23]。DAMA-DMBOK2定义在数据建模语境中的数据实体为"关于组织收集的信息的载体"[24]。在我看来，该定义有些模糊。首先，什么是"载体"？其次，DAMA-DMBOK2中提到数据和信息可以互换使用。那么，数据元素是关于收集其数据的载体吗？这听起来很奇怪，不是吗？

---

[1] 译者注：原书此处为参考资料22，译者认为有误，应改为参考资料21。

ISO 21961:2003《空间数据和信息传输系统—数据实体字典规范语言（DEDSL）—抽象语法》（*Space data and information transfer systems−Data entity dictionary specification language(DEDSL)−Abstract syntax*）中提供了以下定义："数据实体是一个可以或确实接受一个或多个值的概念。数据实体的语义，比如其含义的文本定义，都由属性定义"[25]。

现在我们研究一下数据属性的定义。

数据属性

DAMA字典[26]为数据属性提供了三种不同的定义，每个定义都没有清晰的、可识别的场景。DAMA-DMBOK2将定义缩小在逻辑数据模型场景中，定义"数据属性是一种标识、描述或度量实体的属性"[27]。ISO/TS 21089:2018《健康信息学—可信的端到端信息流》（*Health informatics−Trusted end-to-end information flows*）将数据属性定义为"在某种场景下被认为是不可分割的单个数据单元"[28]。奇怪的是，数据属性和数据元素被DAMA字典或ISO标准认作同义词。

我整理了DAMA出版物中传统逻辑模型相关定义的概念图，如图4-10所示。

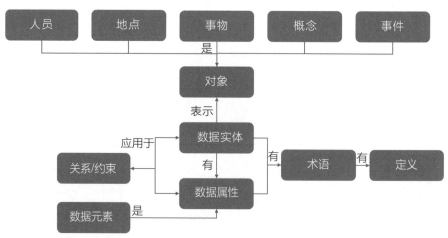

图 4-10　传统逻辑模型的概念图

人员、地点、事物、概念、事件都是对象，数据实体表示对象。数据属性描述了数据实体的各种特性。不同的数据实体之间存在关系。某些约束限制了这些关系，这同样适用于数据属性。数据实体和数据属性都有相应的术语和定义。数据元素是数据属性的同义词。

传统逻辑模型的一个重要挑战是它与关系数据库相关。Thomas Friesendal在《NoSQL和SQL的图数据建模》[29]一书中克服了这一挑战，在逻辑层中引入了"解决方案"模型。下面简要介绍这种方法。

4.5.2　解决方案模型

这种方法展示了应用于关系数据库和图数据库的图数据建模。与传统逻辑模型相比，解决方案模型的元数据对象具有不同的名称。例如，数据实体变为"业务对象"，数据属性成了业务对象的"特征"。这些组件的需求可与传统方法的需求相比较。

下面开始讨论本书使用的逻辑层模型。

4.5.3　本书使用的逻辑层模型

逻辑层模型的概念图如图4-11所示。

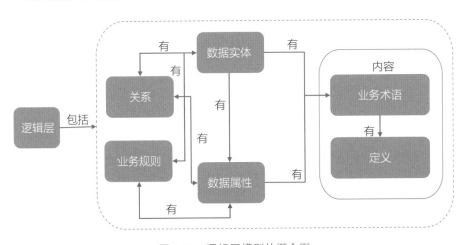

图 4-11　逻辑层模型的概念图

下面讨论应用于逻辑层的主要组件的定义。

数据实体是逻辑层模型中的元数据对象，用于标识、描述或度量业务主题域。

数据属性是逻辑层模型中的元数据组件，用于标识、描述或度量数据实体。

数据元素是一个"在语境中不可分割的数据单元"[30]。这意味着在不同语境中，数据实体和数据属性都是数据元素。数据实体是概念模型中的数据元素，而数据属性是逻辑模型中的数据元素。

数据血缘在逻辑层的首要组件是数据实体。一个数据实体有一个或多个数据属性。同一抽象层级的数据实体和数据属性相互之间存在对应关系。业务规则定义了适用于数据元素或数据属性组合的条件和限制。数据实体和数据属性在具体内容中都有唯一的业务术语和定义。

业务元数据和技术元数据都可以用于描述逻辑层的组件。下面是一些实例。

业务元数据

逻辑模型本身就是元数据对象。因此，对于逻辑模型及组成它的元数据对象，如数据实体和数据属性，都需要记录其所有者。

技术元数据

根据DAMA-DMBOK2[31]，应将以下元数据元素识别为数据属性。

- 数据实体或属性的标识符和名称。
- 数据值域。

  这是数据元素的所有允许值清单。

- 数据类型。

  数字、日期和时间是数据类型的实例。

对于关系，应该关注以下两点。

- 数据属性的唯一性约束。

  它定义了对数据属性施加的限制。例如，数据属性的值不能为空。

- 数据元素之间的关系基数。

  关系基数表示两个实体间的关系。例如，"一个作者写了三本书"就是一对多的关系。此时，"一个"作者可以著有"零本或更多"本书。

在实际工作中，专业人员会使用更多的元数据元素来描述逻辑层的组件。

考虑到物理实现，逻辑数据模型应该被转换为物理数据模型或与物理数据模型连接在一起。下面讨论在物理层的数据血缘组件。

4.6　物理层

物理数据模型通常由逻辑数据模型演变而来。物理数据模型对数据库结构有强依赖性。物理数据模型的主要需求之一是将逻辑数据模型和物理数据模型之间的元数据对象连接在一起。例如，如果我们采用关系数据库，数据实体应该对应一个或多个数据表，数据属性对应一个或多个数据列，如图4-12所示。

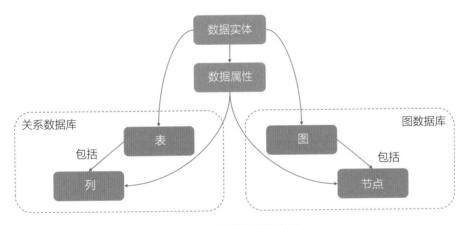

图 4-12　物理层的概念图

对图数据库来说，数据实体对应图，数据属性对应节点。

根据数据库类型的不同，应记录不同的元数据组件和对应的元数据元素。

各种自动型数据血缘解决方案可能记录各种各样的物理层的元数据组件。例如，SAS数据血缘应用程序能记录SAS应用程序中使用的400多个元数据对象。因此，元数据组件、组件间的关系类型，以及描述组件的元数据元素等记录内容，会因企业的实际情况及需要记录的物理层数据血缘的选择而变化。

至此，我们已经讨论了记录数据血缘的四个层级。每层都有一个专有组件，就是业务规则。记录业务规则是具有挑战性的任务。此外，术语"业务规则"在每层有不同的定义和解释。因此，下面我们用单独的一节来讨论"业务规则"。

4.7 业务规则

业务规则是数据血缘中最具挑战性的组件之一，原因如下。

- 在不同的语境中，术语"业务规则"有不同的含义和定义。
- 业务规则的分类具有多层级的关系，并取决于各种因素。
- 基于数据模型的层级，业务规则有不同的表示方式和术语。

下面我们首先深入研究一下现有的业务规则的定义。

DAMA字典将业务规则定义为"形式化约束，控制对象或实体的特征、对象或实体间的关系，用于控制企业的复杂性"[32]。DAMA词典将"业务规则"这一词汇进行了高度的抽象，这个定义与数据模型的概念层或逻辑层关联在一起。为了更好地理解，下面我们探讨"约束"的定义。

根据DAMA字典，基于不同的语境，术语"约束"有两个定义。在一般语境中，约束是"对业务操作和结果数据的限制"[33]。例如，"只有支付了预付款的客户才能获得10%的折扣。"这个定义对应数据模型的概念层，对吧？

在数据管理语境中，DAMA字典给出了另一个定义。约束是"就内容而言，或者只就数据而言，以及就可以附加特定属性（由数据结构定义）的键组合的集合而言，对数据集或元数据集合中可能包含内容的规范说明。例如，如何包括依赖关系（必须至少有一个）、排他性（最多一个；不重叠）、子集或等式"[34]。这个相当复杂的定义与数据模型的逻辑层或物理层有关。

ISO/TR 25102:2008《智能运输系统—系统架构—"用例"形式模板》（*Intelligent transport systems-System architecture-"Use Case" pro-forma template*）中提出的定义更贴合数据模型的物理层："业务规则是严格的制度描述，有时以如果……然后……否则……的格式表示。当满足规定的条件时，必须遵守"[35]。

关于"业务规则"术语，还有很多其他的定义。例如，Ronald G. Ross的文章"什么是'业务规则'？"[36]、Object Management 集团股份有限公司的文章"业务术语和业务规则的语义"[37]等。

在本书中，针对每个数据模型层，业务规则都有不同的术语和定义。下面我们会详细讨论各层。业务规则的概念图如图4-13所示。

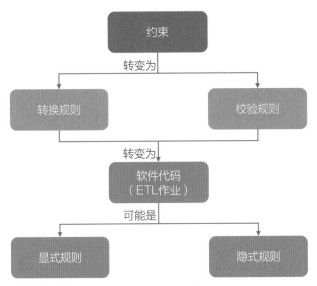

图 4-13　业务规则的概念图

- 概念层。

  约束是定义一个特定数据实体的特征或描述不同数据实体间关系的规范。

  例如：出生日期不能在死亡日期之后。

- 逻辑层。

  根据业务规则的目的，其至少可以分为两种类型：转换规则和验证规则。

  转换规则定义了一个数据属性或一组数据属性的转换方式的规范，以创建新的数据属性。通常，新建数据属性的值与原始数据属性的值不同。转换规则的例子有计算、聚合等。

  验证规则是一种控制数据属性的值与预定的数据质量需求间的对应关系的规范。验证规则可以应用于单个数据属性或一组数据属性中。

- 物理层。

  逻辑层确定的转换或验证规则在物理层转变为用编程语言编写的代码。例如，执行转换和验证规则的ETL作业。

  在物理层中，业务规则可以在（数据链的）不同位置执行，分为显式规则和隐式规则两类。

隐式规则是指那些嵌入在程序逻辑中的业务规则。显式规则存储在一个数据库中。从数据血缘的视角来看，后一种方法允许：

- ○ 业务规则对最终用户保持透明。
- ○ 分析整个数据链的业务规则集。
- ○ 更改应用程序执行转换的方式。

隐式规则很难被记录下来，对数据血缘用户来说，它仍然是一个"黑盒"。

下面是一些记录业务规则的元数据元素示例。

业务元数据

- 业务规则标识号。
- 业务规则名称。
- 业务规则说明。

  对业务规则的描述应该用业务语言和术语来编写。

- 业务规则所有者。

技术元数据

- 编程语言中的业务规则语句。

  对业务规则的描述应转换为编程语言。

截至本节的业务规则解释，我们就完成了对数据血缘元模型的描述。在下一节中，我们会将元模型的所有层和组件汇集在一个图形中。

4.8 数据血缘元模型的图形化表示

在本节中，我们会将所有数据血缘层和组件组合并连接在一个图形中。我在实践中通常会根据利益相关者的需求差异而使用不同的模型展现模式。这些展现模式的内容是相似的，因可视化方法的不同而异，目的是使目标群体便于理解。

面对不同的业务受众，如数据管理专业人员或数据架构师，我们要选择不同的方式来解释数据血缘的相关概念。本节分享了不同的方案，你可以根据交流的受众来选择使用。

- 图4-14的方案用于与没有经验的业务用户进行交流使用。

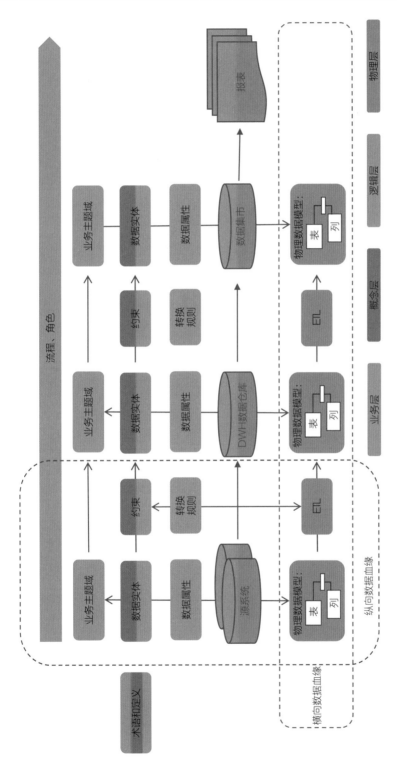

图 4-14　自由格式的数据血缘元模型

该图以一种简单自由的格式解释了主要的概念。

- 图4-15可用于与高级业务用户及数据管理专业人员进行交流。

  该图是概念图。

- 图4-16仅适用于熟悉Peter Chen的E-R图（实体—关系图）数据模型符号的高级数据管理专业人员。

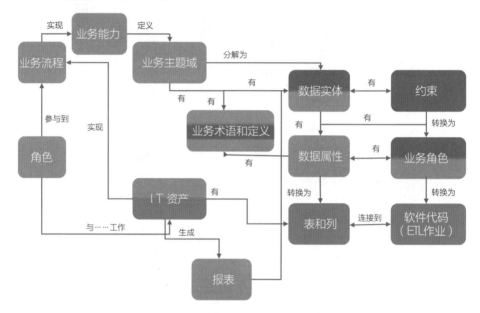

图 4-15　数据血缘元模型的概念图

这些模式背后的逻辑都是相同的。

数据血缘可以被记录在不同的抽象层级上，包括四个层级：业务层和三个数据模型层。

下面从业务层开始。业务层的所有组件都被标记为蓝色。这一层将记录业务能力的所有维度。业务流程实现了业务能力。角色参与执行流程，并与IT资产一起工作。IT资产实现了业务流程。

IT资产会生成业务报表。业务能力定义了业务主题域的集合，业务主题域定义了数据实体。此时，就进入了概念层数据模型。

概念层的所有组件都是紫色的。数据实体由约束（规则）连接起来。数据实体也是逻辑层的组件之一，因此，数据实体是双色的。

逻辑层的组件颜色为绿色。数据实体通过关系和业务规则连接起来。数据属性描述数据实体，数据属性也通过关系和业务规则连接在一起。

物理层的组件是橙色的。物理层包括数据库和ETL工具等IT资产。数据库包括数据表和数据列。软件代码实现了数据转换。

元数据模型的所有组件都按照两个方向连接在一起：纵向和横向。

在纵向上，将IT资产连接到一起，例如，系统、应用程序、数据库。数据库包括数据表和数据列。特定数据库的表和列应该与对应的数据实体和属性相连，数据实体连接到业务主题域。这种连接被称为"纵向数据血缘"。

在横向上，将每一层的组件连接起来。例如，在业务层，将所有IT资产连接到数据链中，表示数据实体如何从一个资产移动到另一个资产。这种连接被称为"横向数据血缘"。下一章将详细讨论这些不同类型的数据血缘。

至此，我们完成了对数据血缘元模型的设计。

本章所描述的数据血缘元模型属于通用的数据血缘元模型。它展示了数据血缘的主要组件。这个元模型可以帮助企业设计自己的数据血缘元模型。企业可以根据数据血缘的工作范围来缩减模型中的图层和组件数量。

例如，有些企业可能会添加法规文件等额外的组件内容。

在数据血缘的实现过程中，可能对元模型进行适应性定制，第二篇将对此进行讨论。但是，在考虑定制实现之前，仍然需要检查有哪些类型的数据血缘，这将在下一章中介绍。

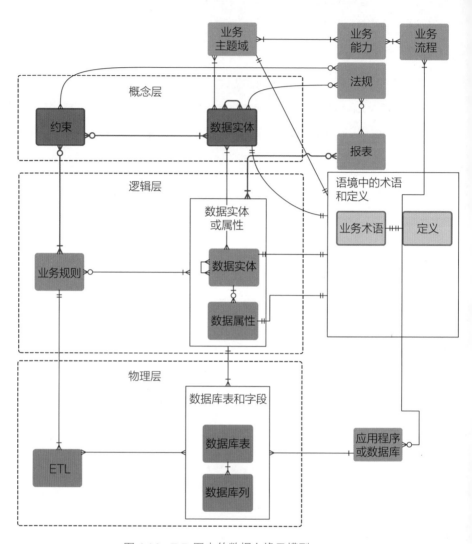

图 4-16　E-R 图中的数据血缘元模型

第4章 小结

- 数据血缘元模型包含以下结构。
  - 数据血缘层

    分为四个层：业务层和数据模型层（如概念层、逻辑层和物理层）。
  - 数据血缘组件

    每层都有一组相应的组件。
  - 元数据元素

    元数据元素同时描述了数据血缘层和组件。

- 业务层包括以下组件。
  - 业务能力。
  - 流程。
  - 角色。
  - 业务主题域。
  - IT资产。

- 数据模型的以下挑战会影响数据血缘的记录。
  - 现有的构建数据模型的各种方法。
  - 不同数据模型的使用目的存在差异。
  - 不同数据建模方法需要特定的图表符号。
  - 连接业务模型和数据模型方法未被清晰定义。
  - 一个逻辑模型可以在多个软件应用程序中进行实现。

在设计数据模型的相关层时，我们已经考虑到了这些挑战。

- 概念层由以下组件组成。
  - 数据实体。
  - 关系。
  - 业务规则。
  - 业务术语和定义。

- 逻辑层由以下组件组成。
  - 数据实体。

- ○ 数据属性。

- ○ 关系。

- ○ 业务规则。

- ○ 业务术语和定义。

- 物理层的组件集取决于数据库结构和自动记录血缘工具的功能。
关系数据库中的常见组件如下。

  - ○ 表。

  - ○ 列。

  - ○ 实现ETL流程的软件代码。

- 业务规则是数据血缘的组件之一，在不同层具有不同的名称。

  - ○ 概念层——约束。

  - ○ 逻辑层——业务规则（转换或验证）。

  - ○ 物理层——由软件代码（即ETL作业）实现的业务规则。
    根据实现的位置，业务规则可以是隐式或显式的。

- 不同数据血缘元模型的图形化表示应满足各类利益相关者的需求。

第5章 | 数据血缘类型

不同的业务利益相关者对数据血缘有完全不同的期望和需求，但对其的普遍认知是一致的，都是描述数据从源点到目的地的流动和转换。同时，利益相关者的期望和需求也决定了数据血缘的记录方法。

本章内容简介：

- 概述各类数据血缘。
- 展示数据血缘类型间的依赖关系。

阅读本章的收获：

- 访谈数据血缘的利益相关者。
- 了解利益相关者的需求和期望。
- 明确企业需要的数据血缘类型。

基于我的经验，建议采用如图5-1所示的数据血缘分类。

以下四个因素定义了不同类型的数据血缘。

1. 记录的主题

元数据血缘和数据值血缘是两种截然不同的数据血缘类型。

2. 记录的层级

第4章已经讨论了记录数据血缘的层级，分别是业务层、概念层、逻辑层和物理层。

3. 记录的方向

根据数据血缘方向，分为纵向数据血缘和横向数据血缘。

4. 记录的方法

根据记录方法的不同，分为描述型数据血缘或自动型数据血缘。

下面，我们将详细研究这些分类方法。

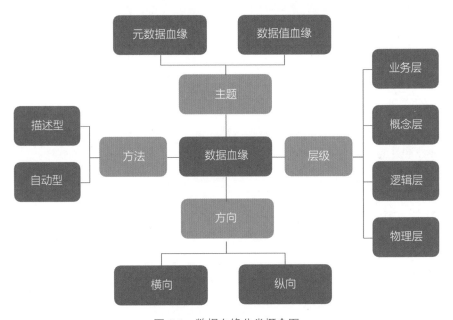

图 5-1　数据血缘分类概念图

5.1　元数据血缘和数据值血缘

各种利益相关者对数据血缘有着完全不同的期望和理解。这里分享一下我自己的经历。在元数据血缘实施项目启动之初，我收集业务利益相关者、数据架构师、IT专业人员的需求，并整理、汇总这些需求和解决方案的功能演示，形成演讲文稿。我每次都从元数据血缘的定义开始演示，强调用户只会看到数据转换的设计，而不注意数据值的变化。每次会议的问答环节，我被问的首个问题都是："我们可以看到数据值的变化吗？"不管你信不信，这种情景始终贯穿于整个项目过程中。

我们分析一下这两种类型的数据血缘的差异。每种数据血缘类型都会受到各自利益相关者的关注。

- 元数据血缘。
  数据管理和IT专业人员通常将数据血缘理解为通过元数据生成的数据处理和转换文档。通常，一些专业人员只在物理层的自动型数据血缘语境中使用术语"元数据血缘"。这种方案不完全是正确的。任何抽象层级的数据血缘描述都属于元数据血缘。简而言之，在不同抽象层级使用不同的元数据。这已经在第4章中讨论过。

- 数据值血缘。
  业务利益相关者对数据血缘的理解与数据管理和IT专业人员的理解不同，业务利益相关者希望看到数据实际的转换过程，并需要在整个数据链中跟踪数据值的变化。例如，如果一份管理报告中的总收入为100万欧元，他们希望追溯它的单个合同金额，还想了解从合同金额到100万欧元之间的转换规则。这里我用术语"数据值血缘"来描述这类需求。

因此，在与不同的利益相关者进行沟通时，我们应该考虑到元数据血缘和数据值血缘之间的差异。

第9章将深入讨论这两种数据血缘需求。

分类的下一个因素是记录的层级。

5.2　不同记录层级的数据血缘

第4章已经深入地讨论过这个主题。在此，我想强调以下几点。不同企业使用不同数量的层级和组件来描述数据血缘，并使用不同的术语来描述这些层级。

本书的建议分类是基于通用实践的，也是对我的实践经验的总结。每家企业应该根据数据血缘层级的数量、名称和内容做出选择。

本书使用四个层级来记录数据血缘。

- 业务层。
- 概念层。
- 逻辑层。

- 物理层。

对数据血缘进行分类的下一个因素取决于记录的方向。

5.3　横向和纵向数据血缘

根据数据血缘记录的方向，专业人员确定了横向和纵向数据血缘。这两种数据血缘如图4-14所示。

常规的数据血缘定义是指横向数据血缘，它展示了从起始创建点到使用点之间的数据流。我们可以分四个层级记录横向数据血缘。

纵向数据血缘会将不同层级间的数据血缘组件连接起来。例如在图4-14中，在业务主题域、数据实体、数据属性，以及数据库表和列之间建立连接。

"纵向数据连接"和"纵向数据架构"是"纵向数据血缘"的同义词。

数据血缘也可以通过不同的记录方法进行分类。

5.4　描述型和自动型数据血缘

记录数据血缘的方法是对数据血缘进行分类的第四个因素。

描述型数据血缘是指将元数据血缘手工记录到数据存储库中。

自动型数据血缘是指通过实施自动扫描并采集元数据的过程，将元数据血缘记录到数据存储库中。

每种方法都有它的应用领域及相应的优缺点。我们可以从以下几个方面来选择数据血缘的记录方法。

- 数据模型层。

描述型数据血缘适合在业务层、概念层和逻辑层上记录元数据血缘，但难以手工记录物理层的数据血缘。

值得一提的是，我有这类工作的实践经历。比如整理有数千行内容的Excel文件，要花费数百个工时。

自动型数据血缘适用于采集物理层的数据血缘。然而值得一提的是，针对从逻辑层到物理层的数据血缘映射，应该手工完成。

- 所需资源。

在创建或维护阶段，数据血缘的记录都是时间和资源密集型工作。我们要始终关注数据血缘的变化，并根据变化调整相应的数据血缘。

此外，如果数据血缘的记录是在协作环境中完成的，那么中心团队应该完成以下工作。

- 为应用程序域中不同部分的数据血缘之间建立连接。
- 检查一致性。
- 控制更新。

描述型和自动型数据血缘在各个阶段都需要资源。

自动型数据血缘在最初创建读取和上传元数据的自动化过程中需要许多资源。然后，随着新版本的发布，应自动更新数据血缘信息。然而，如果这个过程中包含新的应用程序，那么我们需要手工完成编码工作。

描述型数据血缘在设计和维护阶段需要资源。

第12章中将说明这两种记录数据血缘的详细方法。

前面介绍的所有数据血缘类型之间都存在一些相关性。

5.5 各种数据血缘之间的相关性

本节将分析各种数据血缘之间的依赖。原因之一在于，我在实践中经常遇到有关沟通数据血缘的挑战。例如，元数据架构师说："我们要开发一个横向数据血缘的未来态架构（FSA）。"我的第一个问题是："在哪个层上开发？横向数据血缘可以在四个层级上进行记录。"很明显，元数据架构师谈的是物理层的元数据血缘，他只是将其简称为横向数据血缘。

因此，我们来分析一下这些数据血缘之间可能的组合和依赖关系，分析结果如表5-1和表5-2所示。

表5-1　数据血缘的主题与其他数据血缘分类之间的依赖关系

		数据血缘的记录层级				数据血缘的记录方向		数据血缘的记录方法	
		业务层	概念层	逻辑层	物理层	横向	纵向	描述型	自动型
数据血缘的主题	元数据血缘								
	数据值血缘								

下面来分析表5-1中的内容。

- 数据血缘的主题和数据血缘的记录层级。

    元数据血缘可以在被记录在每个抽象层级上，记录的元数据组件和元素会有所差异。在任何情况下，元数据血缘都描述数据流和数据转换的过程。

    数据值血缘只能被记录在物理层上。这里我们仅讨论在物理层存在的数据实例。

- 数据血缘的主题和数据血缘的记录方向。

    元数据血缘可以在两个方向进行记录。横向数据血缘展示数据如何沿数据链流动。纵向数据血缘将在不同抽象层级的元数据组件连接起来。

    数据值血缘只能被记录在横向数据血缘中，原因是数据实例只存在于物理层中。

- 数据血缘的主题和数据血缘的记录方法。

    描述型和自动型方法都可以用来记录元数据血缘。可以使用自动型方法记录数据值血缘，原因与前面的解释相同，数据值血缘只存在于物理层中。

    现在来分析表5-2的内容。

表5-2　数据血缘的记录方法和记录层级之间的依赖关系

		数据血缘的记录层级			
		业务层	概念层	逻辑层	物理层
数据血缘的 记录方法	描述型数据血缘				
	自动型数据血缘				

- 数据血缘的记录方法和数据血缘的记录层级。

  记录数据血缘的描述型方法可以应用于所有层级。我在实践中见过记录在Excel或Word文件中的物理层数据血缘，但这是最不推荐的方法。描述型方法可以用于记录业务层和概念层的数据血缘，这些层不存在自动记录方法。对于物理层，强烈建议只使用自动型数据血缘记录方法。逻辑层是一个分界区。逻辑模型既可以在物理模型中通过逆向工程产生，也可以在数据建模工具中手动创建。

  本章分析了数据血缘的类型。在实践中，读者可能会遇到一些其他的数据血缘分类因素。

  本章也是第一篇的最后一章。本篇已总结了数据血缘理论介绍，现在是时候转向实践环节了。

第5章　小结

- 各类利益相关者对数据血缘有不同的期望和需求。

  为了便于沟通，应该基于各类利益相关者的要求明确不同的数据血缘类型。

- 本书考虑了定义数据血缘分类的四个因素。

  1. 基于记录数据血缘的主题

  定义了元数据血缘和数据值血缘。

  2. 基于记录数据血缘的层级

  本书建议的四个层级如下。

○ 业务层。

○ 概念层。

○ 逻辑层。

○ 物理层。

3. 基于记录数据血缘的方向

横向数据血缘是描述数据链上两个位置之间数据路径的数据血缘。

纵向数据血缘是连接不同层级中的组件的数据血缘。

4. 基于记录数据血缘的方法

根据自动化水平，确定了描述型（手动）数据血缘和自动型数据血缘。

• 各种类型的数据血缘之间具有依赖性和互连性。

第一篇　总结

在第一篇中，我们研究了数据血缘的各种理论知识，并提炼总结出以下结论。

- 一些概念与数据血缘的定义相似，其中有些概念被认为是数据血缘的同义词，并且互换使用。这些概念包括数据值链、数据链、数据流、集成架构、信息价值链。
- 数据血缘与数据生命周期、企业（数据）架构、业务能力等概念既相互关联，又存在共性。
- 一些数据管理能力要么将数据血缘作为交付成果，要么将其用作输入内容。
- 企业应该有强大的业务驱动因素来实施数据血缘工作，主要包括：
  - 法规需求。
  - 业务变更。
  - 数据管理举措。
  - 审计需求。

本篇也设计了数据血缘元模型。

- 数据血缘元模型是一种描述记录数据血缘模型所需元数据的元模型。
- 数据血缘的元模型有两个目的：
  - 确定数据血缘的需求。
  - 确定数据血缘的实施范围并优化完善。
- 数据血缘元模型包括四个不同的层级，并分别对应不同的数据血缘组件。
  - 业务层。

    主要的组件包括业务能力、流程、角色、IT资产、业务主题域。
  - 概念层。

    该层由数据实体、关系、业务规则、业务术语和定义组成。
  - 逻辑层。

    属于逻辑层的内容有数据实体、数据属性、关系、业务规则、业务术语及其定义。
  - 物理层。

    物理层的组成内容取决于数据库或ETL工具类型。

根据利益相关者的需要和期望，基于不同因素对数据血缘进行分类。

- 按记录主题：分为元数据血缘和数据值血缘。
- 按记录层级：分为业务层、概念层、逻辑层、物理层数据血缘。
- 按记录方向：分为横向数据血缘和纵向数据血缘。
- 按记录方法：分为描述型数据血缘和自动型数据血缘。

第二篇
实现数据血缘

在理论上，理论和实践是一样的。但在实践中，它们是两回事。

——阿尔伯特·爱因斯坦

为了证明爱因斯坦所言的真实性，我愿分享一点重要的经验体会。在我参与实施的首个数据血缘项目之初，我花了三个月的时间研究数据血缘的内容，检查法规要求，并访谈利益相关者。最终，我总结形成了详细的"数据血缘的业务需求"文档。它涵盖了所有需求，并且囊括所有可以想象到的组件和关联关系。当我们启动概念验证时，项目组才意识到文档中只有30%的需求是可行的，需求文档只是工作的"蓝图"，其中有些梦想永远无法实现。在现实中，实现其中可行的需求就会持续几年时间。

这个故事引出了一个简单但非常严肃的结论：要想成功，数据血缘工作的内容范围应该是"刚刚好"和可行的。

第二篇旨在为数据管理和项目管理从业者提供以下指导。

- 划定数据血缘的工作范围。
- 选择正确的实施方法。
- 选择合适的软件解决方案。

下面首先简要介绍九步方法论，该方法论用于确定和实施数据血缘业务案例的范围。

第6章 | 使用九步方法论构建 数据血缘案例

记录数据血缘是一项长期项目，涉及许多利益相关者，并且需要大量资源。要想成功，就需要有充分的准备和有效的执行。

为了取得成功，企业应该遵循某些步骤来实施数据血缘项目。

本章内容简介：

- 重点介绍构建数据血缘业务案例的主要步骤。

阅读本章的收获：

- 制定构建数据血缘业务案例的策略。
- 为业务案例设计一个路线图。
- 与决策者沟通业务案例的内容。

九步方法论的图解如图6-1所示。本章将重点介绍每个步骤的内容，在后续章节中将深入解释其中的一些步骤。

步骤1：确定主要的业务驱动因素。

每项数据血缘工作都应该首先确定工作的业务驱动因素。这些业务驱动因素确定了工作的可行范围、最后期限和所需的资源。

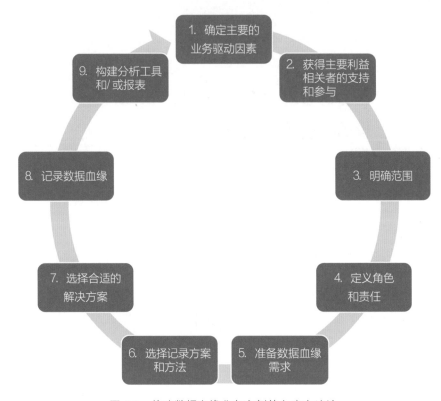

图 6-1　构建数据血缘业务案例的九步方法论

第2章已经讨论了四组业务驱动因素。

- 法规需求。
- 业务变更。
- 数据管理举措。
- 审计需求。

实施数据血缘需求时可能会同时有多组业务驱动因素。面对这种情形，企业应该为各种需求排列优先级。例如，企业需要明确符合监管法规属于最高的业务优先级。挑战之处在于，不同的法规涉及不同的业务领域。例如，满足SOX或BCBS 239监管法规需求会影响企业中与风险和财务相关的能力、组织机构、数据集等。同时，GDPR或PII需求关注的则是企业中的个人数据及其相关的业务能力。

根据做出的选择，项目实施的内容范围和方法会有很大差异。为了确定业务驱动因素，企业应完成以下步骤的工作。

- 创建可能的业务驱动因素清单。
- 明确涉及的重要工作发起人和决策者，通常是企业的高管团队成员，并选择最重要的成员。
- 限定1或2个业务驱动因素。

在确定了业务驱动因素后，下一步是对主要利益相关者的分析。

步骤2：获得主要利益相关者的支持和参与。

业务驱动因素决定了数据血缘工作的主要利益相关者。利益相关者是特别关注并且对数据血缘工作结果感兴趣的个人或团队。数据血缘的利益相关者遍布组织内的各个职务层级。

企业的高管成员要从各种视角关注数据血缘。其中一个关键视角与符合监管法规相关，数据血缘工作要保证遵守法律法规。

高管级别的利益相关者应该扮演数据血缘工作发起人的角色，提出此建议的理由如下。

- 记录数据血缘是一项耗时且耗资源的工作。
  即使数据血缘项目的范围可行，实施工作可能也要持续数月甚至数年。实施这项工作需要有战略方案和充足的财务预算提供保障。因此，高管的支持是成功的关键因素之一。
- 记录数据血缘是一项组织内跨机构和业务线的工作。
  数据在组织内的不同机构之间流动，需要各个机构协同来记录数据血缘。既长又复杂的数据链使这项任务更具挑战性。数据链中涉及的业务部门会有各自的优先级和关注点。面对这种情形，高管对协调这项联合工作的支持至关重要。

业务分析师和数据分析师需要利用数据血缘来分析数据质量问题，并构建数据质量检查和控制机制。数据架构师和应用程序架构师需要利用数据血缘来评估应用程序和/或数据库的变更对数据交付的影响。

我在《数据管理工具包》（*Data Management Toolkit*）一书[2]中提供了数据利益相关者执行分析会用到的高级技术。

第8章将详细讨论数据血缘的利益相关者，以及他们的角色和责任。

在确定了数据血缘工作的发起人和利益相关者后，下一步是明确工作的范围。

步骤 3：明确数据血缘工作的范围。

数据血缘工作的正确范围对其成功非常重要。我始终建议先实施试点项目，并将其限定在可行的最小范围内。

第7章将详细讨论如何确定内容范围。

一旦明确了范围，下一步是让利益相关者参与到工作过程中。

步骤 4：定义角色和责任。

记录数据血缘项目就如同每个数据和IT项目一样，分为几个标准步骤。例如，下列清单给出的步骤。

1. 收集和分析需求。

2. 制订计划。

3. 选择解决方案。

4. 实施解决方案。

5. 测试。

为了完成这些复杂的任务，许多利益相关者承担着不同的角色、责任和职责。第8章将深入讨论这些角色。

当角色被分配好后，相应的利益相关者就要按需求规范进行工作。

步骤 5：准备数据血缘需求。

利益相关者有不同的关注点和需求。需求分为功能需求和非功能需求，需求最重要的特征是可测量性。第9章将讨论数据血缘需求。不同类型的数据血缘有不同的需求，例如，元数据血缘需求和数据值血缘需求之间的差异程度会很大。

最终确定的需求会成为记录数据血缘实施方案和方法的决定性因素。

步骤6：选择数据血缘的实施方案和方法。

正确选择数据血缘的实施方案和方法，能够为成功实施数据血缘工作提供保障。

决策取决于组织规模和项目的内容范围，第10章将讨论得出正确决策的过程。

一旦做了决策，企业的下一步工作就是寻找合适的解决方案。

步骤7：选择合适的数据血缘解决方案。

过去几年，随着技术的快速发展，数据血缘解决方案的数量日益增多，这种趋势仍将持续。数据血缘是一个复杂的概念，需要满足不同的功能。因此，数据血缘解决方案，特别是集成解决方案，是复杂的。这类软件产品可能费用高昂，因此企业应该根据清晰的需求来选择解决方案，在选择时还应具备战略视角。第11章会提供一些关于选择合适解决方案的建议。

在选择了解决方案后，就要开始记录数据血缘了。如同第5章所讨论的，描述型方法和自动型方法是记录数据血缘的两个重要方法，它们有各自的技术和应用领域。

步骤8：记录数据血缘。

记录数据血缘有不同的方法，方法的选择取决于许多因素。但即使是相同的记录方法，也可能采用不同的技术。第12章将重点介绍如何在各个抽象层级上记录描述型数据血缘，并高度概述自动型数据血缘技术，此概述主要供商业人员参考。正如前言所述，本书的目的并不是深入研究自动型数据血缘的技术细节。

被记录的数据血缘或许不能满足业务利益相关者的需求。为了方便数据血缘的应用，还应该在元数据存储库上进行分析。

步骤9：构建分析工具。

有些人认为实现了数据血缘，特别是自动型数据血缘，任务就已完成，其实他们完全错了。此时，真正的挑战才刚开始。数据血缘应该成为业务利益相关者日常工作的一部分。为了使数据血缘对用户友好，并让业务利益相关者应用它，我们应该在元数据存储库上构建分析报表。

到目前为止，我们已经了解了构建数据血缘案例的九个步骤。

第6章 小结

成功实施数据血缘业务案例包括以下步骤。

1. 确定主要的业务驱动因素。

2. 获得主要利益相关者的支持和参与。

3. 明确数据血缘工作的范围。

4. 定义角色和责任。

5. 准备数据血缘需求。

6. 选择数据血缘的实施方案和方法。

7. 选择合适的数据血缘解决方案。

8. 记录数据血缘。

9. 构建分析工具。

第7章

明确数据血缘工作的范围

九步法中的步骤3聚焦于制定数据血缘工作的可行范围。

数据血缘是一项耗时且耗资源的工作。仔细确定范围是取得成功的第一步。范围应符合以下标准。

- 匹配企业资源。

  无论选择何种方法，记录数据血缘文档仍然是一项资源密集型工作。企业应该仔细估计完成交付结果需要的资源。

- 管理时间期望。

  数据血缘也是一项很耗时的工作。特别是当数据血缘工作内容必须满足监管规定时，时间就显得更加重要。因此，在明确工作范围时应仔细评估截止日期的要求。

- 快速交付成果，并满足最终用户的期望。

  可能发生数据血缘的实施结果与预期不匹配，或不满足普通业务用户的需求的情况。因此，数据血缘工作的结果交付越早，业务用户就能越早评估其可用性。

本章内容简介：

- 确定用来定义数据血缘工作范围的参数。
- 详细讨论每个参数。

阅读本章的收获：

- 定义用于明确范围的参数。
- 划定数据血缘工作的范围。
- 开始与主要利益相关者讨论工作范围。

第4章已经讨论了数据血缘元模型。元模型能够帮助我们建立数据血缘工作范围的参数。这些参数包括：

- "企业"的范围。
- 数据血缘的"长度"。
- 数据血缘的"深度"。
- 关键数据集。
- 数据血缘组件的数量。

下面就使用数据血缘元模型逐个解释工作范围的参数，如图7-1所示。

7.1 "企业"的范围

企业架构师应该熟悉"企业"这个术语。根据TOGAF®9.2，企业是"对组织最高级别（通常）的描述，通常包括所有业务和职能部门"[1]。

我们在确定的业务驱动因素界限内识别"企业"。例如，驱动因素是满足监管法规GDPR，那么，我们可能需要限制第一阶段参与的组织单元。

在数据血缘的语境下，"企业"包括一组相互关联的业务能力、组织单元、业务流程。在图7-1中，"企业"用蓝色虚线标记。下一个因素是"长度"。

7.2 数据血缘的"长度"

横向数据血缘描述了数据从源点到目的地的流动。通常，企业声称有必要记录从"黄金"源到最终报表和/或仪表板的数据血缘。这种记录具有挑战性。大型企业扩展了"企业"范围，会存在长数据链，因此很难一次性记录整个数据链范围内的数据血缘。为了使工作可行，我们应该将数据链切割成数据段。数据"源点"和数据"目的地"是相对的，"长度"是指数据段的尺寸。在图7-1中，用黄色虚线标记数据血缘的"长度"。"长度"被限定在"企业"界限内的一个数据链范围内。在

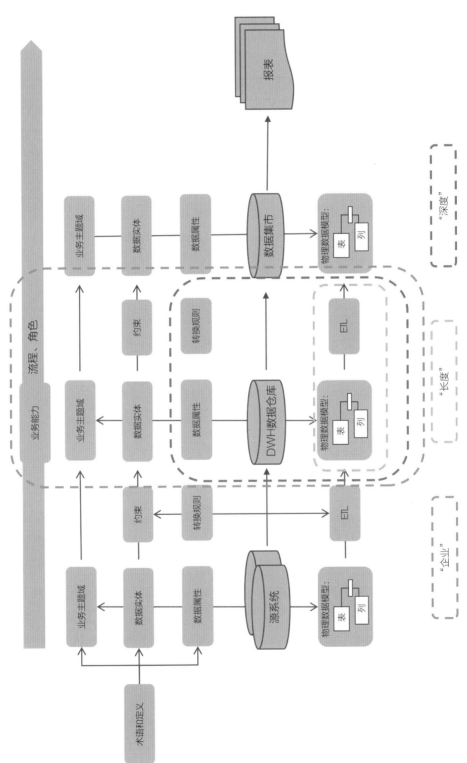

图 7-1 确定数据血缘工作范围的参数

实际工作中，可以包含一个或多个数据段。在定义了数据血缘的"长度"后，接下来继续计算数据血缘的"深度"。

7.3　数据血缘的"深度"

"深度"决定了数据血缘的层数。这个因素与纵向数据血缘的概念有关。通常，企业首先在一个层级上记录数据血缘，然后扩大范围。第10章将讨论在多个层级上记录数据血缘的各种方法。在图7-1中，用淡紫色的虚线突出显示数据血缘的"深度"。

被"企业""长度"和"深度"限定的数据血缘工作范围内仍然包括多组数据血缘。

7.4　关键数据集

每项业务能力和每条数据链都能处理多组数据元素。其中一些数据元素对业务而言比其他数据元素更重要。例如，企业通过记录数据血缘来满足GDPR。在这种情况下，数据血缘范围只局限于个人数据集。该数据集对GDPR业务来说至关重要。第14章将深入讨论关键数据的概念。

最后一个因素是组件的数量。

7.5　数据血缘组件的数量

第4章已深入分析了数据血缘的各层和相应的组件，企业仍然可以通过识别部分组件来划定工作范围。例如，对于物理层，SAS数据血缘解决方案包括400多个组件。在我参与的一个项目中，只选择实施了15个组件。即便如此，记录的组建数量也达到了数十万，其中包含数百万个关联关系。在选择工作范围时，我们应谨慎定义数据血缘对象的数量和类型，否则元数据存储库可能会崩溃。

我们已经完成对步骤3的介绍，并准备进入步骤4。关注焦点是数据血缘工作涉及的角色及其责任。

第 7 章 小结

- 以下因素能够将数据血缘工作限定在可行范围内。
  - ○ "企业"的范围。
  - ○ 数据血缘的"长度"。
  - ○ 数据血缘的"深度"。
  - ○ 关键数据元素集。
  - ○ 数据血缘组件的数量。

第 8 章

定义数据血缘相关的角色

确定数据血缘相关角色是数据血缘业务案例九步方法论中第4步的内容。

数据血缘是若干数据管理（DM）能力的交付成果。我有实施数据管理框架方面的经验，在我看来，设计数据管理角色是最具挑战性的任务之一，因为许多不同的因素会影响角色设计。

本章内容简介：

- 分析影响数据管理角色设计的因素。
- 讨论数据管理角色的主要类型。
- 确定数据血缘工作需要的数据管理角色。

阅读本章的收获：

- 识别企业中影响数据管理角色设计的因素。
- 确定实现数据血缘需要的角色。
- 为选择的角色分配责任。

为了确定数据血缘工作涉及的角色，我们首先需要就角色的定义达成一致，还必须研究影响角色设计的主要因素。

8.1 影响角色设计的主要因素

本书使用以下有关角色的定义。它们之间的关系如图8-1所示。

角色是"某人或某事在某情境、组织、社会或关系中所处的岗位或目的"[1]。

业务角色是一种通过运用技能、知识、经验或能力为组织贡献绩效的角色。一个组织、个人或软件系统可以执行各种角色，从而实现组织的业务目标。

数据管理角色是执行与数据管理相关的任务，并提交预期的数据管理结果的业务角色。

数据管理角色可以是职能角色和虚拟角色。职能角色是由企业的组织结构定义的数据管理角色。虚拟角色是不由企业的组织结构定义的数据管理角色，但可以分配给职能角色来承担。例如，财务部门负责人是一个职能角色。数据所有者或数据用户的角色可以被分配给职能角色，即财务部门负责人。有些企业已经创建了数据专员的职能角色，并将其纳入组织结构。

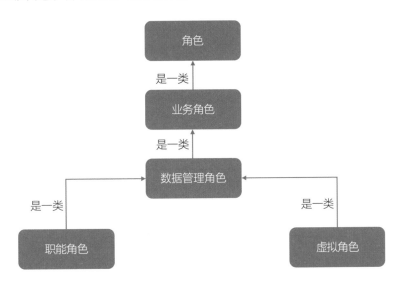

图 8-1　与角色相关的定义及其关系的概念图

以下多种因素会对数据管理角色设计有所影响。

- 数据专员类型。
- 业务能力维度。
- 数据链上的角色位置。
- 数据管理子能力。
- 数据架构风格。

- IT解决方案的设计方法。
- 业务域定义。
- "企业"的范围。

这些因素如图8-2所示。

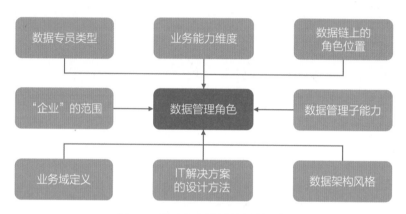

图 8-2　影响角色设计的主要因素

在接下来的章节中，我们将简要地讨论这些因素。首先从数据管理的概念和数据专员的类型开始。

8.1.1　数据专员类型

在过去几年中，数据专员这一概念已被广泛使用在数据管理社区中。

管理工作基于组织拥有的资产和资源。组织将其管理资产的责任和职责委派给员工。数据是该组织的资产之一。因此，数据管理工作需要一组数据专员的角色。

本书使用以下术语和定义。

专员（Steward）是分配给员工的业务角色，由其代表组织来管理组织的资产。

数据专员（Data steward）是一个管理数据资产的专员。

根据不同的专业背景，将数据专员分为三类：业务数据专员、数据管理专员、技术数据专员。

业务数据专员是在一个或多个业务领域中具有重要知识、技能和经验的数据专员。

数据管理专员是在一个或多个数据管理领域具有知识、技能和经验的数据专员。

技术数据专员是在一个或多个信息技术（IT）和/或安全领域具有知识、技能和经验的数据专员。

这些角色的概念图如图8-3所示。

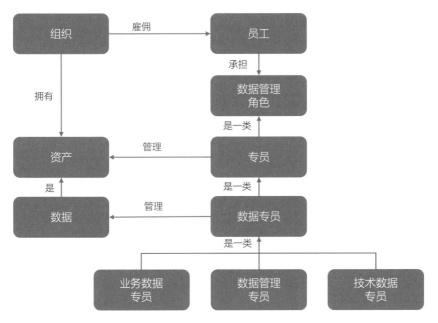

图 8-3　数据专员角色的概念图

数据专员角色既可以是职能角色，也可以是虚拟角色。如果一个数据专员的角色是虚拟的，那么应该将其连接到一个职能角色上。在实践中，每家企业都有自己的方案和角色结构。下面是几个数据专员角色和常规职能角色之间的匹配示例。

业务数据专员的角色可以分配给：

- 来自业务、风险、法规、财务、营销、销售、法律、生产的业务主题专家。
- 业务分析师。

数据管理专员的角色可以分配给：

- 在业务、数据和应用架构方面具有专长的企业架构师。
- 数据建模师。
- 数据分析员。
- 数据科学家。

技术数据专员的角色可以分配给：

- 技术和IT安全架构师。
- 数据工程师。
- 数据库专家。
- IT安全专业人员。

每个组织都应该分析现有的职能角色及其专业技能职责，并按照数据专员的类型在两者间进行相应的匹配。

本书使用这三组数据专员说明角色与数据血缘相关任务的分配。

影响角色设计的下一个因素是业务能力维度。

8.1.2 业务能力维度

第二个因素是支撑业务能力的维度。在1.4节中，我们已经讨论了业务能力模型，并确定了支持业务能力的四个维度：流程、角色、数据和工具。数据管理也是一种业务能力，每个维度都需要与数据管理相关的角色。业务能力的每个维度的角色如图8-4所示。

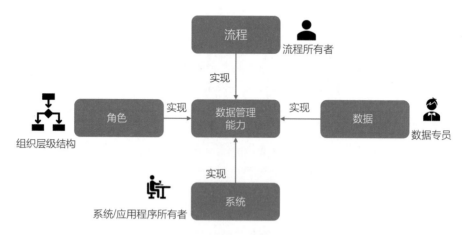

图 8-4　业务能力的每个维度的角色的概念图

流程所有者负责管理流程。我指定流程所有者为业务角色，由它定义和维护流程，并管理流程的性能和变更。

系统或应用程序所有者是负责系统生命周期的业务角色。

数据专员负责管理数据。

所有这些角色都应该分为不同的权限层级。这种权限层级反映了组织的层次结构。通常，与数据管理相关的角色结构反映了组织的层次结构。例如，高管层的业务数据专员负有数据管理的最终责任。接着，这类责任可能会逐渐下放到较低级别的业务数据专员。

上述的所有角色都将承担一些与记录数据血缘相关的任务。

数据链上的角色位置也会影响角色的设计。

8.1.3 数据链上的角色位置

从1.6节中我们可以了解到，数据血缘可以描述数据链的情况。从另一个角度看，数据链实现了数据生命周期。同一个角色会因为在数据链上处于不同的位置而有不同的职责。以业务数据专员为例，根据其在数据链上的位置，此角色会承担数据所有者或数据用户的角色。这些角色具有完全不同的责任。

每家企业都有各自的描述数据生命周期的方法。这种方法是行业专用的。

本书将使用如图8-5所示的简化版数据生命周期模式，这个模式包括若干个阶段。

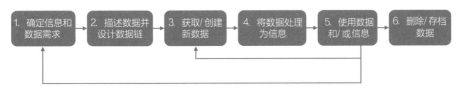

图 8-5 简化版数据生命周期模式

阶段1：确定信息和数据需求。

在这个阶段要确定最终用户的信息需求。为了创建满足用户需求的信息，我们需要对必要的数据进行获取和转换。

阶段2：描述数据并设计数据链。

为了确定数据需求，我们需要同时描述信息和数据，接下来就是根据数据需求设计数据链。

阶段3：获取/创建新数据。

在这个阶段要确定必需的数据来源。数据既可以在组织内创建，也可以从组织外的数据源中获得。

阶段4：将数据处理为信息。

在这个阶段实现对数据链的设计，这是数据生命周期中的第4个阶段。

阶段5：使用数据和/或信息。

使用数据有两个路径。数据既可以用于沿着数据链产生新数据，在这种情况下，阶段5与阶段3之间有一条反向循环；数据也可以用来在数据链末端产生信息，最终用户会使用这些信息，在这种情况下，会出现新的信息需求，因此又从阶段5返回到阶段1。

阶段6：删除/存档数据。

在数据生命周期的最后阶段，我们可以根据要求删除或存档数据。

在8.1.1节和8.1.2节中描述的所有角色都涉及数据生命周期的各个阶段。不同的数据管理子能力使数据生命周期的执行成为可能。

影响角色设计的下一个因素是数据管理子能力。

8.1.4　数据管理子能力

对于数据管理的描述，存在各种定义和方法。在实践中，我使用数据管理的"橙色"模型[2]。

我认为数据管理是一种业务能力，它可以保护数据资产，并从中产生业务价值。这种价值通过优化数据链来实现。数据管理能力可被分解为一组更低层的能力，能力集合在一起支撑起了数据链。数据管理能力分为三类：核心数据管理能力、技术支撑能力和其他支撑能力。这个模型的概念图如图8-6所示。

核心数据管理能力包括以下内容。

- **数据管理框架。**

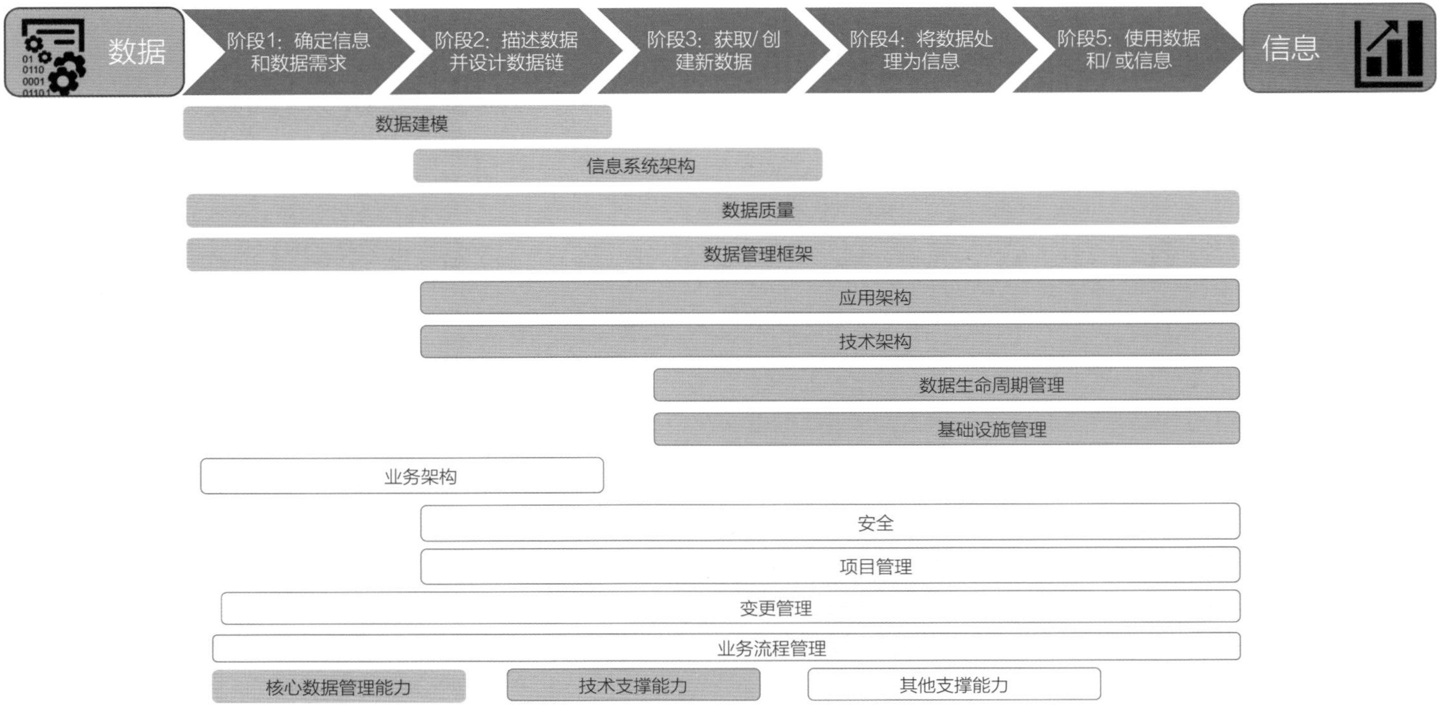

图 8-6 实现数据生命周期和数据链数据管理能力的模型示例

数据管理框架是一种业务能力，其他数据管理能力在该框架结构内运行。

- 数据建模。

  数据建模是一种业务能力，数据模型能够"a）定义和分析数据需求；b）设计支持这些需求的逻辑和物理结构；c）定义业务元数据和技术元数据"[3]。

- 信息系统架构。

  信息系统架构是一种业务能力，能够支持交付数据和信息价值链设计所需的数据和应用程序体系结构。

- 数据质量。

  数据质量是一种业务能力，能够交付满足质量要求的数据和信息。

数据链的各个阶段需要多种多样的数据管理子能力。

例如，数据管理框架负责管理所有数据生命周期流程。数据建模只用于明确数据需求、描述数据和设计数据链。除删除和/或存档数据阶段外，其他阶段都应该执行数据质量任务。

数据管理能力需要各种角色来执行相关的任务。因此，每个能力中的角色的责任可能会随着数据链而发生变化。

这些能力和依赖关系的示意图如图8-7所示。

例如，系统（应用程序）所有者在阶段3、4和5中执行任务，其中由IT应用程序执行数据处理任务。

8.1.1节至8.1.4节讨论的因素显著影响着记录数据血缘涉及角色的责任。因此，本书对这些影响的本质进行了详细解释。随后的8.1.5节至8.1.8节中描述的因素影响较小，因此，本书只是简要地介绍这些因素。我们要介绍的下一个因素是数据架构风格。

8.1.5 数据架构风格

组织会使用各种不同的数据架构风格，例如通用数据架构和大数据架构。在通用数据架构中，各个数据源系统和数据消费系统间存在多种复杂的关系。而在大数据架构中，来自不同源系统的数据汇集到中央大数据平台中，数据集成和数据分发

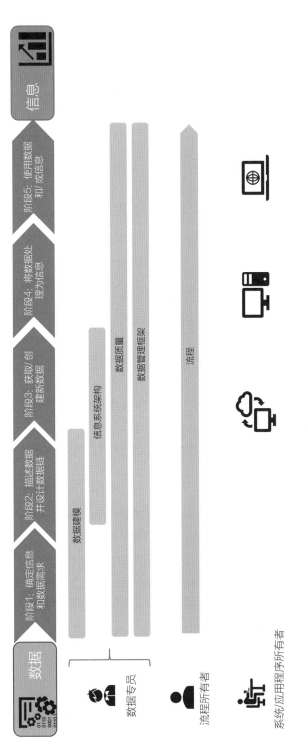

图 8-7 数据链上数据管理子能力与角色之间的依赖关系

是其中的重要过程。数据转换发生在数据链上的位置会影响到数据角色的责任。如果数据在进入大数据平台前或在平台中进行转换，那么可能由数据所有者负责。如果数据转换发生在离开大数据平台后，则由数据用户对此过程负责。

IT解决方案的设计方法也会影响到角色的设计。

8.1.6　IT 解决方案的设计方法

通用方法认为数据模型设计和解决方案设计由不同的数据管理职能团队完成。数据架构负责交付概念层、逻辑层和物理层数据模型。解决方案架构负责实现物理层数据模型。反之，新的IT解决方案设计方法则将数据模型设计和解决方案设计结合起来，其中有一个流程负责语义（逻辑）和解决方案数据模型的设计。根据采用的方法不同，数据管理角色中的技术数据专员会承担不同的责任。

影响角色设计的下一个因素是定义业务域的方法。

8.1.7　业务域定义

为了区分数据所有者和数据用户角色，业务域的定义非常重要。遗憾的是，目前还没有达成一致的方法。我曾遇到多种定义业务域的方法，它们基于以下条件来选择。

1. 新建数据时

这种方法考虑到以下几点。数据沿着数据链流动。在此期间，数据可能改变，也可能不改变。如果数据发生了变化，就创建了新数据。新数据的所有者就需要对新建的数据负责。通常情况下，主数据和参考数据基本保持不变，事务类数据往往变化更频繁。这种方法很难适用于长数据链。如果沿着数据链，在多个数据点上创建新数据，那么相应地，大量的数据所有者和用户应该分配和调整他们的责任。这样的任务通常是不可行的。另一种方法是基于业务主题域来定义业务域。

2. 业务主题域

第二种方法侧重于业务主题域的识别。例如，客户是一个业务主题域。一个特定的业务功能承担着客户数据所有权的责任。这种所有权在数据链上保持不变。

3. 组织结构

这种方法不太常用。它是指基于组织结构来分配数据所有权。

组织可以在不同的业务单元中同时使用不同的方法。

影响角色设计的最后一个因素是"企业"的规模。

8.1.8 "企业"的规模

正如7.1节所讨论的，"企业"的定义可以确定数据血缘的工作范围。如果组织有不同类型的业务线和业务模型，这种方法就会更具参考意义。"企业"的规模影响着数据管理角色设计的复杂性，例如权限层级的数量。

到目前为止，我们已经分析了影响数据管理角色设计的关键因素，也意识到了这个主题的复杂性。现在是时候将这些知识汇总，并将其应用到数据血缘工作中了。

8.2　记录数据血缘涉及的数据管理角色

本节会定义记录数据血缘所需的数据管理角色的责任。它们之间的匹配关系如表8-1所示，表8-1分为以下四个部分。

- 数据血缘层级。
  第一列是数据血缘文档的四个层级：业务层和三个数据模型层（概念层、逻辑层和物理层）。

- 每层数据血缘的主要元数据组件。
  在每层中，都有一组元数据组件来定义数据血缘。第4章详细讨论了数据血缘的元模型。

- 交付数据血缘成果所需的数据管理能力。
  要记录数据血缘组件，组织需要具备各种数据管理能力。其中一些已在8.1.4节中讨论过。

- 主要的数据管理角色。

表8-1中只展示了几个角色，比如本章前面讨论的业务流程所有者、系统所有者

和数据管理专员。

每家企业都应该有一套企业专用的角色。因此，这些角色应该与企业数据血缘元数据的角色相匹配。

为了明确每个角色的责任，这里使用了RACI（Responsible、Accountable、Consulted、Informed）矩阵[4]，即负责、审核、咨询、知情。在本书中的定义如下。

- 负责：执行流程来完成任务和/或交付成果的数据管理角色。
- 审核：对流程的正确执行和/或预期成果交付负责的数据管理角色。

在本章中，我们已经确定了负责记录数据血缘的角色。下一步，我们可以继续处理数据血缘的需求。针对数据血缘，所有确定的角色都有其自己的关注点和需求。

表8-1 与数据血缘文档有关的角色及其职责

数据血缘层级	数据血缘组件	数据管理能力	数据管理角色*				
			流程所有者	系统所有者	业务数据专员	数据管理专员	技术数据专员
业务层	业务能力图	业务架构			A	R	
业务层	业务主题域	业务架构			A	R	
业务层	流程	流程管理	A				
业务层	IT资产/数据集录/业务层数据血缘	信息系统（数据和应用）架构		A		R	R
概念层	数据实体、关系、约束	数据建模			R	A	
逻辑层	数据实体、数据属性、关系、业务规则	数据建模、信息系统架构			R	A	
物理层	数据库结构、表、列、ETL作业等	数据建模、应用和技术架构、IT能力				R	A

*RACI 矩阵；A——审核；R——负责。

第 8 章　小结

- 多个数据管理角色负责完成数据血缘的记录。
- 数据管理角色是执行与数据管理相关的任务并交付预期数据管理成果的业务角色。
- 数据管理角色可以是职能角色和虚拟角色。
- 每个组织都应该分析现有的职能角色及其专业技能职责，并将它们与数据专员类型和角色相匹配。
- 数据专员是可以代表拥有数据的组织来管理数据资产的专员。
- 根据专业背景的不同，将数据专员分为三类：业务数据专员、数据管理专员、技术数据专员。
- 数据管理角色的设计受多种因素影响。
  - 数据专员类型。
  - 业务能力维度。
  - 数据链上的角色位置。
  - 数据管理子能力。
  - 数据架构风格。
  - IT解决方案的设计方法。
  - 业务域定义。
  - "企业"的范围。
- 记录数据血缘所需的角色取决于数据血缘的以下特征。
  - 数据血缘层。
  - 数据血缘组件。
  - 交付数据血缘成果所需的数据管理能力。

第9章 | 定义数据血缘需求

若要定义数据血缘需求，企业应该已经完成以下工作。

- 定义一个合适的数据血缘元模型。

  第4章已深入讨论了数据血缘元模型。本书提出的元模型包括四个层级、相应的组件和元数据元素。每家企业都应该确定适合其需求的元模型。

- 确定数据血缘类型。

  第5章中描述了数据血缘类型。数据血缘类型对应于为数据血缘工作所选的业务驱动因素和已选定的元模型。数据血缘类型与所选的元模型相关。假设企业已经选择了一个仅具有物理层的数据血缘元模型，那么该数据血缘元模型对应两种数据血缘类型，分别是横向数据血缘和自动型数据血缘。

在了解了这两个因素后，企业就可以继续梳理数据血缘需求了。

数据血缘需求旨在与利益相关者沟通需求和期望，并微调工作的内容范围。数据血缘需求并不依赖于解决方案，也可以选择合适的IT解决方案。

本章内容简介：

- 讨论通用的血缘需求。
- 检查功能需求。
  - ○ 元数据和数据值血缘。
  - ○ 纵向和横向数据血缘。

阅读本章的收获：

- 组织收集数据血缘需求。
- 在最终文档中总结需求。

在深入研究数据血缘需求之前，我们需要就术语和方法论达成一致。

9.1　需求类型

每个软件实现都需识别两种类型的需求：功能需求和非功能需求。功能需求是一种明确系统应该做什么的需求，它定义了系统在输入和输出之间的预期行为。非功能需求是确定系统应该如何做的需求。本书只描述功能需求。非功能需求取决于每家企业所特有的应用架构[2]和技术架构。

在5.5节中，我们已经确定了不同的数据血缘类型之间的关系。本章将充分考虑数据血缘元模型的全部范围。首先，我们需要拟定元数据血缘需求。从通用需求开始，接下来是横向和纵向数据血缘需求。

针对数据值血缘，我们只能确定通用需求和横向数据血缘需求。

本章讨论的需求如图9-1所示。

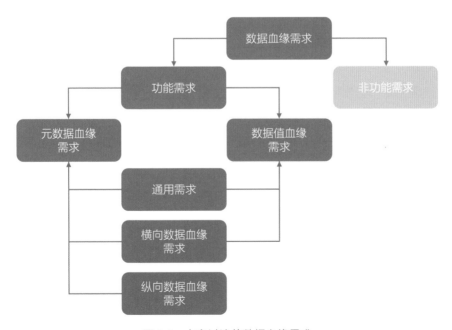

图 9-1　本章讨论的数据血缘需求

[2]　译者注：原书此处为"架构"，译者认为应改为"应用架构"。

下面从分析元数据血缘需求开始。

9.2　元数据血缘需求

建议将数据血缘需求划分为通用需求和各层的数据血缘需求。

- 通用需求。

  通用需求是适用于记录每层数据血缘的需求。例如，任何层级中的数据血缘可视化需求是类似的。

- 横向数据血缘需求。

  通常，企业会从一个或多个抽象层级上的横向数据血缘需求开始入手。

  如第4章所述，每个层级中的元数据组件、元数据元素和关系都不同。因此，每层的需求都是变化的。每个数据模型层级的元数据组件的一些示例如下。

  ○ 业务层包括业务能力、流程、角色、IT资产和业务主题域（数据集）。
  ○ 概念层数据模型是通过数据实体、约束和关系描述的。
  ○ 逻辑层数据模型包括数据实体、属性、业务规则以及它们之间的关系。
  ○ 物理层数据模型的描述因数据库类型的不同而有所差异。使用库、表、列、ETL作业和其他元数据对象来描述关系数据库。

- 纵向数据血缘需求。

  如果横向数据血缘被记录在多个层上，那么可以使用纵向数据血缘将这些层连接起来。我们应该在需求文档中明确不同层的组件之间的映射关系。

下面详细介绍这类需求的例子。详见附录中的模板1"数据血缘需求"，该模板有助于我们收集业务需求，确定数据血缘工作的范围。

9.2.1　通用需求

通用需求适用于各层的数据血缘元模型。我们可能会考虑到以下内容。

1.数据血缘的图形化表示是由元数据对象及其之间的关系组成的链。

例如，如果要记录应用程序之间的数据流向，则应将应用程序相互连接起来，从而展示数据流随应用程序的流向。

2. 元数据组件中元数据元素的可视化。

3. 数据列的物理名称，以及它的业务名称。

4. 元数据对象间连接的双向追溯能力：从数据源追溯到目的地，反之亦然。这有助于进行影响分析和根因分析。

5. 在不同抽象层级间移动的缩放（上卷和下钻）能力。如果我们需要在数据表中探索数据血缘，则需要同时将其下钻到数据列中。

6. "打印文档"功能，以获取有关数据血缘的打印记录。

7. 出于审计目的，需要有维护版本控制和归档数据血缘的能力。

下面将讨论横向数据血缘需求。

9.2.2　横向数据血缘需求

下面讨论对每一层的需求，先从业务层开始。

业务层

1. 维护业务能力和相关元数据之间的匹配关系。

2. 维护业务流程、角色和相关元数据的目录。

3. 维护IT资产目录和相关的元数据。

4. 维护业务主题域目录，以及相应的数据集。

5. 目录应该集中维护。

6. 企业的全部员工都应该可以访问数据目录中的信息。

7. 以可视化方式访问以下元数据对象及其之间的关系：

　　○　业务能力。
　　○　业务流程。
　　○　IT资产。
　　○　业务主题域和数据集。

8. 可视化展示上述每个对象的元数据元素。

9. 维护和保存各历史阶段的数据血缘。

概念层

1. 使用一组重要的业务主题域来维护概念模型。

2. 应使用一个中心工具来维护概念模型。

3. 每个业务主题域和数据实体都应该有明确的术语和定义。

4. 应使用一个中心工具来维护业务术语和定义。

5. 维护业务主题域、数据实体和约束之间的关系。

6. 以可视化方式访问以下元数据对象和它们之间的关系：

   ○ 业务主题域。
   ○ 数据实体。
   ○ 约束。
   ○ 术语和定义。

7. 可视化展示上述每个组件的元数据元素。

逻辑层

1. 使用不同的符号维护多个逻辑数据模型。

2. 将多个逻辑数据模型相互连接。

3. 使用一个或多个中心工具维护逻辑数据模型，以便整个企业都能访问它们。

4. 数据实体和数据属性之间具有专用的关系。

5. 应使用一个中央存储库来维护记录的业务规则。

6. 以可视化方式访问以下元数据对象和它们之间的关系：

   ○ 数据实体和数据属性。
   ○ 业务规则。
   ○ 术语和定义。

7. 可视化展示上述每个组件的元数据元素。

物理层

1. 维护ETL过程的中央存储库。

2. 可视化展示物理元数据组件之间的关系。

例如，对于关系数据库，可视化展示数据库中的表、列、视图、ETL映射和ETL内容之间的连接关系。

ETL映射只表示ETL作业在数据链中的位置。ETL内容包括对ETL过程的描述。

3. 可视化展示不同数据库之间的元数据对象之间的关系。

物理层的需求主要与记录数据血缘的自动型方法有关。因此，应考虑到以下附加要求。

4. 数据库类型。

根据数据库类型的不同，可以有不同的记录自动数据血缘的方法。此外，读取元数据的扫描软件会根据数据库类型的不同而变化。

5. ETL工具类型。

通过使用不同的ETL工具实现不同数据库之间的数据移动和转换。因此，元数据扫描软件应该能读取ETL工具中的元数据。

6. 自动化水平。

在某些情况下，数据库和ETL工具中的元数据可以被自动读取。有时，应该提供程序脚本，从而将元数据上传到元数据中心库和数据血缘工具中。

7. 响应时间。

在使用数据血缘工具时，我们应该考虑可用的数据血缘的响应时间。数据血缘可能包括数十万个元数据对象和数百万个关系。因此，元数据和关系存储库的容量应该满足元数据对象和关系的预期数量。

我们已经讨论了横向数据血缘需求的示例，下面来分析纵向数据血缘需求的示例。

9.2.3　纵向数据血缘需求

在记录了多个层级的横向数据血缘后，我们可以提出纵向数据血缘需求。此类需求的示例如下。

1. 对业务层和概念层的组件进行匹配：

   ○ 业务能力与业务主题域。

2. 对概念层和逻辑层的组件进行匹配：

   ○ 业务主题域与数据实体。

   ○ 约束与业务规则。

3. 对逻辑层和物理层的组件进行匹配，例如，对于关系数据库，有如下匹配关系：

   ○ 数据实体与表。

   ○ 数据属性与列。

   ○ 业务规则与ETL作业。

至此，我们已经讨论了元数据血缘的示例。现在，我们可以将关注点集中到数据值血缘需求。

9.3　数据值血缘需求

数据值血缘解释了单条数据记录（实例）从其源点到目的地的传输路径，以及该记录在其传输过程中进行的转换。

数据值血缘的用处体现在以下两个方面。

- 实现数据一致性：
  ○ 同一个数据记录在数据链的不同位置实现数据一致性。
  ○ 源数据记录和目标数据记录间实现数据一致性。目标数据记录是源数据记录聚合或转换的结果。
- 解释特定数据记录所进行的转换。

我们应该在明确数据值血缘需求之前确定业务目标，这样便可能找到一个成本更低的解决方案来满足这些需求。在定义的数据点上生成数据一致性报表，并完整地记录业务规则，这就是灵活实现数据值血缘的解决方案示例。有些应用程序具备回钻和审计功能，可用它来代替数据值血缘。

如果要使用数据值血缘，那么我们应该考虑这类需求，举例如下。

1. 对于已执行的数据处理过程，在数据记录层级的运行环境中对信息的可视化和跟踪需求。

2. 对于每条数据记录，已处理的元数据（例如数据所有者）的可视化需求。

当企业应该选择一种工具或一组工具来记录数据血缘时，正确记录需求能发挥很大作用。如果需求以检查表的形式组织，那么比较不同解决方案的功能就容易得多。

我们已完成了数据需求的准备工作。九步方法论的下一步重点是选择合适的方案和方法来记录数据血缘。

第9章　小结

- 在提出数据血缘需求时，企业应该首先就需要的数据血缘元模型和数据血缘类型达成一致。
- 数据血缘需求旨在传达利益相关者的需求和期望，并细化调整工作的内容范围。
- 本章讨论了元数据和数据值血缘的功能需求。
- 元数据血缘需求可分为通用需求、横向和纵向数据血缘需求。
- 数据值血缘需求只能包括通用需求和横向血缘需求。
- 通用需求是适用于各层记录数据血缘的需求。
- 各层的横向数据血缘需求有所不同。原因在于每层都有各自的一组组件。
- 如果记录了多个层级的横向数据血缘，那么就可以确定纵向数据血缘需求。
- 在决定实施需求的方案之前，应仔细评估数据值血缘需求，会存在灵活可变通的解决方案。

第 10 章 确定数据血缘实施方案

每家企业都应该为数据血缘业务案例选择适合自身的方案。这种方案必须契合企业的目标和资源。选择正确的方案能保障数据血缘实施的可行和成功。

多种因素会影响方案的选择，如图10-1所示。

1. "企业"覆盖范围。

2. 数据血缘的记录方法。

3. 数据血缘的范围参数。

4. 数据血缘的记录方向。

5. 项目管理风格。

6. 元数据架构的成熟度。

在选择一种方案时，应该分析和考虑所有因素。

本章内容简介：

- 讨论影响方案选择的各种因素。
- 设计一个模板来记录数据血缘的工作进度。

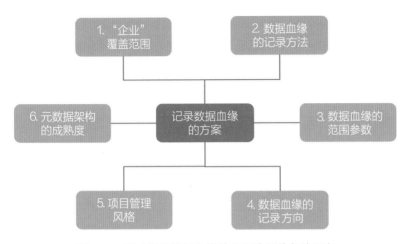

图 10-1　影响记录数据血缘的方案选择的各种因素

阅读本章的收获：

- 设计对公司适用且可行的数据血缘记录方案。
- 分析各种方案的利弊。
- 调整数据血缘工作的进度控制模板。

下面逐一介绍影响方案选择的每个因素。

10.1　影响方案选择的因素

第一个因素是"企业"覆盖范围。

"企业"覆盖范围

每家企业都面临选择，它既可以启动一个大范围的活动来全面记录数据血缘，也可以将这些工作限制在一些合理和可行的范围内。

业务的重要性有助于确定企业的活动范围。在数据血缘工作中，我们应该评估以下内容的重要性。

- 业务驱动因素。

  正如第2章讨论的，企业可能有各种业务驱动因素来记录数据血缘。例如，有合法合规和审计需求、数据质量举措，以及业务变更。企业应该从中选择一个最重要的驱动因素，从而限定"企业"的范围。"企业"包括一组有限的业务单元和相关的数据链。例如，针对客户体验的业务变更是主要的业务驱动因素。因此，只有参与处理和使用与客户相关数据的业务利益相关者、业务单元和数据链能参与到该工作中。

- 业务信息。
  通常，业务用户会通过报表和/或仪表板的形式获取信息。这些重要报表和重要信息的规范会进一步界定工作范围。在案例中，只有包含重要客户数据的报表和/仪表板才会被纳入数据血缘的工作范围。

- 数据链。
  数据链会提供重要的业务信息。因此，只有交付和转换重要业务信息的数据链才属于数据血缘的工作范围。

- 数据集和数据元素。
  要生成关键的业务信息，我们需要一组相应的数据。这些数据也会限定数据血缘的工作范围。

重要性的标准可能会随着数据血缘工作的业务驱动因素而变化。常见的标准有声誉损害、财务损失、操作风险、敏感信息泄露、人身安全、违法行为等。更多关于重要性、重要业务信息、数据集和数据元素的概念，详见第15章。

企业可能有多个有关数据血缘的业务驱动因素，可能会识别出两个或多个"企业"范围。换言之，企业可能会实施多项数据血缘工作。每项工作都会形成一个独立的项目，每个项目都有各自的范围和方案。

影响方案选择的下一个因素是数据血缘的记录方法。

数据血缘的记录方法

在5.4节中，我们讨论了记录数据血缘文档的主要方法，分别是描述型数据血缘和自动型数据血缘。针对不同的"企业"工作内容，可以选择不同的记录方法。对于某类业务驱动因素和相应的"企业"范围，可以选择描述型方法。例如，许多遵守GDPR（General Data Protection Regulation，一般数据保护条例）的企业都会选择描述型数据血缘记录方法，它们主要关注与个人数据相关的业务流程文档。而为了遵守PERDARR（巴塞尔银行监管委员会发布的BCBS 239，即"有效风险数据加总和风险报告原则"）等监管规定，银行机构会选择自动型数据血缘。

描述型方法和自动型方法可以在同一"企业"工作范围内结合使用。企业可以从描述型数据血缘开始，然后实施自动型数据血缘。

影响实现数据血缘方案的下一个因素是数据血缘的范围参数。

数据血缘的范围参数

在第7章中，我们已经深入讨论了有助于确定数据血缘范围的参数。影响方案选择的参数如下。

- 数据血缘的"长度"。

"长度"是指通过识别数据链上记录的数据血缘起点和终点来划定数据血缘的范围。

- 数据血缘的"深度"。

  "深度"限制了记录数据血缘的层级数。例如，我们可以只在物理层上记录数据血缘，也可以先横向记录概念层、逻辑层和物理层数据血缘，然后用纵向数据血缘将它们连接起来，从而扩展数据血缘的范围。

- 数据血缘组件。

  每层都有一组特定的组件。所选组件的数量也会影响方案的选择。例如，物理层数据血缘可以记录表和列之间的数据流，从而可以省略ETL映射和转换的记录。

再次强调，针对不同的"企业"数据血缘工作，可以选择不同的范围参数。

影响实现方案选择的下一个因素是数据血缘的记录方向。

数据血缘的记录方向

在记录多个层级的数据血缘时，这个因素是有效的。我们可以使用以下三种方法实现对数据血缘的记录：自顶向下法、自底向上法或混合法。下面逐一介绍。

自顶向下法

自顶向下法假设从上层开始记录数据血缘，然后向下逐层展开。例如，从业务层开始，然后向下到概念层，以此类推。最后，可以使用纵向数据血缘技术将所有层连接起来。这意味着从描述型数据血缘开始，并在后期阶段实现自动型数据血缘。

这种方法有以下优点。

- 能够分析和优化业务模型和数据链。
  这种方法的起点是业务模型和数据链。顶层的数据血缘分析强调对整个业务领域的改进。

- 能够优化数据管理功能。
  这种方法会促进业务和数据建模、信息系统架构等能力的开发。

- 能够连接和优化业务模型及数据模型。
  使用这种方法，通过将业务层模型与另外三层数据模型连接起来，企业可以优化和连接其业务模型和数据模型。

- 能够优化应用程序环境。
  业务模型和数据模型的优化可能会引发底层应用程序的优化。反过来，它也有可能降低IT维护成本。

这种方法的主要缺点是会花费大量的时间和资源。

企业可能需要很长时间才能从记录数据血缘中获得实际成效。这种方法还要求企业具备业务架构、数据建模、信息系统架构等业务能力，但是并没有多少企业拥有所有这些能力。

通常，企业更喜欢务实的自底向上法。

自底向上法

这种方法假设企业从物理层的自动型数据血缘开始记录数据血缘。

这种方法的主要优点是，企业可以在短时间内启动数据血缘工作并获得结果。这对数据质量工作来说非常重要。

采用自底向上法会存在以下缺点。

- 初期投资高。

  自动型数据血缘需要进行初始投资，以支付软件许可和实现的成本。

- 范围有限。

  有几个因素可能会限制自动型数据血缘的范围。第一个因素是数据库的类型，对遗留的软件来说，自动型数据血缘可能成为一个挑战。第二个因素是应用程序的数量，用不同种类数据库的应用程序越多，实现数据血缘的时间就越长。

- 业务可用性有限。

  通常，自动型数据血缘的交付成果不能完全满足业务用户的需求。

如果企业有足够的资源，它可以使用混合法，这样能够结合上述两种方法的优点，并克服它们的缺点。

混合法

混合法假设在两个层级上同时记录数据血缘。

1. 将业务层数据血缘与使用描述型数据血缘的概念层和逻辑层数据模型相结合。

2. 使用自动型数据血缘实现物理层数据模型的血缘记录。

这种方法的挑战之一是逻辑层和物理层数据血缘之间的连接，原因是可以由多个物理模型实现同一个逻辑模型。实施数据目录是取得成功不可或缺的一个条件。

影响数据血缘方案选择的最后一个因素是项目管理风格。

项目管理风格

许多企业需要同时在企业的不同部门或整个企业中实施数据血缘，这时会面临项目管理的问题。

从项目管理的角度来看，可以使用以下方案之一。

- 集中式。
- 分散式。
- 混合式。

下面深入探讨这些方案。

集中式方案

集中式方案通常要求在整个企业中使用标准的数据血缘记录方法。当企业想要记录整个企业范围的数据血缘时，就可以使用这种方法。标准方案包括如下内容。

- 一个通用的数据血缘元数据模型。

  通用元数据包括一组推荐用于记录数据血缘的元数据组件和元数据元素。例如，元数据模型可能包括物理层数据血缘和业务流程的组合。

- 确定数据血缘范围及其对应记录方法的通用方案。

  确定范围和记录方法的通用方案预先定义了11.1节至11.4节中讨论的解决方案。

- 数据血缘工具。

  整个企业都应该使用同一套工具。

该方案具有的显著优点如下。

- 实现对企业资源的控制和优化。

  记录数据血缘是一项资源密集型劳动。使用相同的方案和工具可以让企业在开发过程中节省资源，从学习曲线中获益，并可以复用已构建的模块。

- 连接企业各个不同部门记录的数据血缘。

  实现数据血缘的关键挑战之一是覆盖整个企业范围。如果企业拥有又长又复杂的数据链，那么数据血缘将被分成几部分进行记录。因此，汇总各个数据血缘工作的交付成果是一项至关重要的工作。

这种方案也伴随着以下缺点。

- 难以设计通用方案。

  为了设计通用方案，需要收集和分析来自企业各个部门的需求。设计通用方案和实现工具可能需要花费数月或数年的时间。

- 依赖数据血缘工具的供应商。

  如果企业拥有大规模的应用程序环境，那么由于许可证成本的原因，依赖一个供应商可能会产生巨大的财务影响。如果软件功能不完全匹配所有需求，也会给方案的成功实施带来风险。

- 要建立完善的企业级数据管理职能。

  集中式方案并不总是意味着由同一个团队实现整个企业的数据血缘。由不同组织单元的数据管理专业人员组成的团队群体应该有能力承担实施工作。

如果这种方案的缺点超过了优点，那么企业可以选择分散式方案。

分散式方案

只有在企业的部分应用系统领域需要用到数据血缘知识时，分散式方案才可能会有用武之地。在这种情况下，记录数据血缘的工作可以由企业中各个部门的独立团队完成。此时，为了加快实施工作的进度，每个团队都可以承担以下责任。

- 收集需求并定义数据血缘元模型。
- 确定工作范围和方案。
- 选择一个满足特定需求的工具。

集中式方案的优缺点与分散式方案正好相反。

分散式方案的优点是，企业可以：

- 在设计通用方案时节省时间。
- 减少对单个供应商的依赖。

分散式方案的最大缺点是在获得企业级数据血缘全貌方面存在挑战，原因在于数据血缘元模型、范围和工具存在差异。

为了利用这两种方法的各自优点并减少缺点，企业应该开发一种混合式方案。

混合式方案

每家企业都应该通过分析和思考本章讨论的所有方法，来开发适合自身的数据血缘实现方法，并应该把以下因素放在首要位置。

- 数据血缘的范围。
- 预计的截止日期。
- 可用资源。

影响数据血缘方法的最后一个因素是元数据架构的成熟度，但这并不表示它是最不重要的因素。

元数据架构的成熟度

元数据管理是交付数据血缘的数据管理能力之一，在1.4节已提到过。元数据架构是一种元数据管理的能力。数据血缘和元数据管理之间的关系非常紧密。元数据血缘在多个方面依赖于元数据架构。我相信，我们已经讨论过的许多有关数据血缘的主题都与元数据架构存在交叉点。

人们普遍认为，元数据架构侧重于在物理层收集元数据。事实上，它面临的挑战要更广泛。描述其他数据的所有数据都是元数据，元数据会形成复杂的结构。正如3.2节所述，数据血缘也是元数据。由于元数据概念的复杂性，尽管物理层元数据架构已取得了相当大的进步，但企业仍很难开发和实现元数据架构。

如果不划定元数据架构的实现范围，那么它会影响实现数据血缘的方法。元数据存储库中包含元数据，这些元数据是创建数据血缘的基础。记录数据血缘的方案以元数据存储库的实现方法为基础。

到目前为止，我们已经讨论了影响数据血缘实现方案的各种因素。

对于每个数据血缘业务案例，我们都应该通过考虑上述因素和一些其他因素，定义合适的实现方案。实现方案也会因企业的不同而存在差异。即使在一家企业内，针对不同的数据血缘工作，实现方案也会有所不同。

一旦确定了记录数据血缘的范围和方案，下一步我们需要对方案进行沟通。

10.2　沟通数据血缘的范围和方案

我已经找到了一种沟通数据血缘工作范围的简单方法，我会在实践工作中用它来展示工作进展。

详见本书附录中的模板2"数据血缘工作的范围和进展"。

方法很简单。我们可以创建一个矩阵表，如表10-1所示。在各行记录形成数据链的不同数据血缘工作和IT资产，在各列记录数据血缘的层级和组件。在矩阵中，一侧显示层级和组件的对应关系，另一侧显示具体工作和IT资产的对应关系。这个矩阵也可以用来显示数据血缘的任务计划和后续工作进度。

表10-1　一个展示数据血缘工作的范围、计划及跟踪工作进度的示例

数据血缘层级	数据血缘组件	数据血缘工作 1		数据血缘工作 2	
		IT资产 1	IT 资产 2	IT 资产 3	IT 资产 4
业务层	流程	Q2 2022	Q2 2022		
概念层	数据实体	Q3 2022	Q3 2022		
逻辑层	数据属性				
物理层	数据表			Q4 2021	Q1 2021

九步方法论的下一步是选择解决方案。

第 10 章　小结

- 每家企业都应该选择自己的数据血缘的实现方案。
- 方案应该适配企业的目标和资源。
- 影响方案选择的因素如下。

1. "企业"覆盖范围。

   "企业"覆盖范围这一因素要求对以下内容的重要程度进行评估：

   a) 业务驱动因素。

   b) 业务信息。

   c) 数据链。

   d) 数据集和数据元素。

2. 数据血缘的记录方法。

   第二个因素是记录数据血缘的描述型方法和自动型方法。

3. 数据血缘的范围参数。

   影响方案选择的参数有：

   a) 数据血缘的"长度"。

b) 数据血缘的"深度"。

c) 数据血缘组件。

4. 数据血缘的记录方向。

记录数据血缘方向的方法有三种：

a) 自顶向下法。

b) 自底向上法。

c) 混合法。

5. 项目管理风格。

从项目管理的角度来看，企业可以使用以下方法：

a) 集中式。

b) 分散式。

c) 混合式。

6. 元数据架构的成熟度。

设计元数据架构和实现元数据存储库的方法构成了记录数据血缘方案的基础。

第11章

选择合适的数据血缘解决方案

几年前，我在一家大型机械厂担任实施ERP解决方案的项目经理。在此之前，他们使用内部构建的基于Access的数据库。我的第一项工作任务是收集业务需求。我永远不会忘记与高层管理者的一次对话。他期望一旦安装了ERP系统，就永远不用再手动操作业务系统，只要按一下按钮，系统就会执行所有操作。

几年后，在处理数据血缘时，我又遇到了类似于上述的情况。

数据血缘的记录需要合适的软件。在过去几年中，市场上出现了大量采用不同技术的数据血缘管理软件。这种趋势将持续下去。针对软件，最重要的一点是找到满足我们当前需求的那一款。此外，软件还应该为未来预留一些发展空间。解决方案没有好或坏之分，关键是解决方案能否匹配我们的需求和资源。

本章内容简介：

- 讨论软件需求、解决方案、产品和功能之间的关系。
- 讨论记录数据血缘所需的软件功能。
- 提供有关软件供应商的主要信息来源。
- 讨论与软件选择相关的挑战。
- 概述可用于记录数据血缘的软件和产品类型。

阅读本章的收获：

- 确定选择软件解决方案的需求。
- 调查解决方案相关的信息来源。
- 比较不同的解决方案和软件产品。

11.1 软件解决方案相关的术语

有一次，我与一家美国大公司新任命的首席数据官交谈。他自豪地说："到目前为止，我们还没有具备数据治理和数据管理能力。我们刚刚购买了一个数据治理工具，希望它能帮助企业实现这些能力。"这句话是一个反面案例，公司在使用任何软件时都不应该有这样的想法。

在本节中，我希望就找到所需软件的逻辑方法达成共识。为此，我简要定义并指明了业务需求、功能需求、解决方案、软件产品和功能之间的关系，如图11-1所示。

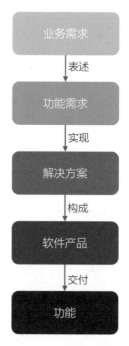

图 11-1　业务需求、功能需求、解决方案、软件产品和功能之间的关系

《业务分析知识体系指南》（BABOK®指南）将业务需求定义为"需要解决的问题或机会"[1]。为了满足业务需求，要将其转化为功能需求。根据BABOK®指南，"功能需求是业务需求的可用化表示"[2]。为了满足功能需求，公司应该实施解决方案。解决方案是"满足场景中一种或多种需求的特定方式"[3]。一种解决方案可能需要多个产品。根据ISO/IEC/IEEE 24748-5:2017《系统和软件工程—生命周期管理—第5部分：软件开发规划》（*Systems and software engineering-Life cycle manegement-*

Part5: Software development planning），软件产品是"一组计算机程序、过程、以及可能的相关文档和数据"[4]。软件具有一种或多种功能。根据ISO/TR 17427-4:2015《智能交通系统—协作ITS—第4部分：核心系统的最低系统要求和行为》（*Intelligent transport systems-Cooperative ITS-Part4: Minimum System reguirements and behaviour for core systtems*），功能是"产品提供的各种计算、用户界面、输入、输出、数据管理和其他特征的能力"[5]。

在我看来，每家公司都应该按照图11-1所示的顺序持续寻找合适的软件。

1. 定义业务需求。

以调研数据血缘产品为例。业务利益相关者的主要需求之一是遵守监管法规。遵守监管法规是指，数据业务用户应该知道数据的来源、数据在不同系统之间的流动路径，以及数据所经历的转换。第2章中讨论了其他业务需求示例。

2. 将业务需求转化为功能需求。

业务需求应被转化为功能需求。功能需求应该是具体的、可测量的、可分配的、现实的且与时间相关的（SMART[6]）。让我们沿用上面提到的例子，业务需求已经转化为在物理层记录数据血缘的功能需求。

第9章中描述了完整的数据血缘功能需求。

3. 找出满足具体功能需求的解决方案、软件产品和功能。

在本章中，我们将讨论如何发现和评估软件产品及其功能，以满足公司在数据血缘方面的功能需求。在我们的示例中，公司应该找到一个可以提供自动型数据血缘解决方案的供应商。这类解决方案应该能兼容公司现有的IT资产。

11.2　记录数据血缘的软件解决方案类型

为了写作本书，我分析了13种不同信息来源中提到的145种软件解决方案。在这个过程中，我遇到了几个挑战，在11.3节中将讨论这些挑战。现在要讨论一个与术语有关的挑战。我看到不同的供应商使用各种不同的术语来展示他们的"解决方案"和"产品"。"功能"是一个很少使用的术语，因此，我只使用"解决方案"和"产品"这两个术语。

出于分析的目的，我将解决方案分为以下类别。

- 业务流程管理。
- 企业架构。
- 数据治理。
- 数据建模。
- 元数据管理。
- 数据质量。
- 数据管理/数据编织。

这些类别与第4章中讨论的数据血缘元模型保持一致。软件解决方案的示例及其与数据血缘主要组件的匹配关系如图11-2所示。

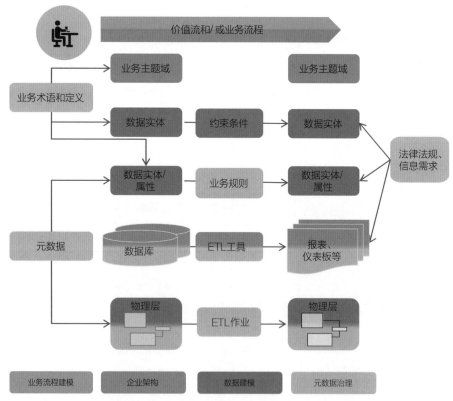

图 11-2　数据血缘主要组件与软件解决方案之间的关系

在第4章中，我们确定了以下数据血缘组件。

- 业务能力。

  为了记录业务能力，需要用到企业架构解决方案。

- 业务流程、角色、IT资产。

  业务流程建模解决方案通常有助于记录业务流程。通常，IT资产与业务流程相关联。因此，业务流程建模解决方案也会记录这些组件。

- 不同抽象层级的数据模型。

  数据建模解决方案记录了概念、逻辑和物理层数据模型。元数据解决方案记录了在物理层中数据转换涉及的组件。

- IT资产。

  不同的解决方案都能记录该数据血缘组件。企业架构、业务流程建模和元数据管理解决方案会在其存储库中使用该数据血缘组件。

- 业务规则和/或ETL。

  元数据解决方案通常会记录业务规则。有时，业务数据建模软件会维护该数据血缘组件的文档。

此外，针对数据血缘组件，公司可能需要记录以下内容。

- 业务术语和定义。

  业务主题域、数据实体及可能的数据属性应该具有明确的业务术语和定义。数据治理解决方案或元数据解决方案有助于记录这些血缘组件信息。

- 法律法规、政策和要求。

  数据治理解决方案可以提供满足法律法规、政策和要求的功能。

每个解决方案都包括一组产品和/或功能。我们将在11.4节中深入讨论这个主题。现在，我们将继续介绍有关数据血缘解决方案的主要来源。

11.3　数据血缘解决方案的主要来源

互联网是第一站，谷歌搜索可能是我们首选的搜索引擎。面对收集到的大量信息，我们需要了解如何处理它们。我建议按照以下三个步骤来执行，如图11-3所示。

图 11-3　调查软件解决方案的步骤

步骤1：研究重要网站及可信信息来源。

Gartner的评论是我首选的信息来源，其次是谷歌搜索。使用谷歌搜索时，你会看到多篇评论，评论的标题是"该领域最好的……软件"，其中一些会有关于供应商、产品及它们提供的解决方案的简要信息。当收集到足够可靠的信息来源时，就可以继续进行下一步。

步骤2：创建供应商和解决方案清单。

在步骤2中，重点工作是整理潜在的解决方案清单。我们可能会遇到重复的信息，因此需要清理信息清单并继续进一步调查。

步骤3：访问供应商的网站，并根据你的需要匹配其产品。

在执行此步骤之前，你应该已经具备数据血缘功能需求。第9章已经讨论了功能需求，这一步是最耗时的，它有助于将你的需求与提供的解决方案及产品匹配起来。

这些步骤看上去简单明了，但我们也应该为一些意想不到的困难提前做好准备。下面列出了一些我在调查期间遇到的困难，以便减轻你的工作，并做好准备。

挑战1：解决方案的分类术语与常见术语不匹配，并且在不同的出处，术语也不一致。

以"数据治理"工具为例。DAMA-DMBOK2将数据治理定义为"对数据资产管理行使权力和控制（规划、监控和执行）"。根据DAMA-DMBOK2，数据治理的交付成果示例如下。

- 数据战略。
- 数据原则。
- 数据治理政策、流程。
- 操作框架。
- 业务术语表。
- 等等。

简而言之，数据治理可以开发并维护由规则和角色组成的框架。该框架支持数据管理过程中的操作。数据管理可以组织和协调那些执行数据生命周期操作的活动。关于该主题的深入研究，推荐阅读 "*Data Management & Data Governance 101: The Yin and Yang Duality*"[9]中的相关文章。

我比较了四个提供数据治理相关解决方案概述的网站，并收集了它们对数据治理的定义，如表11-1所示。

从中可以看到，不同公司对数据治理和相关解决方案有不同的理解。这些数据治理软件解决方案的定义和效果相互之间并不匹配。它们也并不总是对应于DAMA-DMBOK2提供的且被普遍接受的数据治理定义。

例如，Capterra对数据治理的定义中包括"企业级数据的可获取性、可用性、安全性和存储"。在我看来，这些特征与操作数据管理有关，而与数据治理无关。

不同定义的差异会导致下一个挑战，即对特定软件功能的不了解。

挑战2：即使解决方案的分类相似，但软件供应商和/或产品清单的差别仍然很大。

如表11-1中 "解决方案类目"一栏所示，所有内容都与数据治理有关，值得注意的是，这些名称略有不同。但关键问题是，这些网站上宣传的供应商和工具是否相同？

表11-2展示了不同网站提到同一工具的频数。

最后，我发现只有三个软件解决方案在不同的网站上被引用了两次：A.K.A、Collibra和Informatica。这意味着不同信息网站参考的标准会有很大差别。

表11-1　不同网站对"数据治理"的定义，提供了数据治理解决方案概述

来源	解决方案类目	定义
Software Testing Help[10]	数据治理工具	"数据治理是一种集中控制机制，用于管理数据的可获取性、安全性、可用性和完整性。"[14]
Capterra[11]	数据治理软件	"数据治理软件采用现代工具和可视化技术来管理企业级数据的可获取性、可用性、安全性和存储。"[15]
Towards Data Science[12]	数据治理框架工具	"数据治理系统本质上是一种处理公司数据的系统方法。它提供了一套帮助公司规避风险和负债的政策、协议、程序和指标，以及一套挖掘数据的工具。"[16]
Datamation[13]	数据治理工具和软件	"Gartner将主数据管理定义为'一种技术支持的规则，业务和IT可以在其中共同工作，以确保企业官方共享主数据资产的一致性、准确性、管理关系、语义一致性和问责制'。"[17]

表11-2　重复引用的解决方案数量

	Software Testing Help[18]	Capterra[19]	Towards Data Science[20]	Datamation[21]
参考软件解决方案的总数	10	103	5	10
同一工具，被收录在2个站点中	3	1	2	
A.K.A.	1	1		
Collibra	1		1	
Informatica	1		1	

这使我得出了以下结论。根据访问的网站不同，我们可能会得到不同的推荐软件清单。但这并不是结束，在不同网站中的不同选择会导致混乱。不同网站推荐的同一类的工具也会有不同的功能。

挑战3：具有相似解决方案的软件产品具有完全不同的功能。

为了说明这一问题，我仍然以数据治理软件为例进行详细阐述，并使用Capterra推荐的一些软件示例。[22]我从清单中的103家软件供应商中随机选择了三家，并且浏览了这些供应商的网站，检查了其解决方案的内容。结果如表11-3所示。

表11-3　不同的"数据治理"软件解决方案的功能示例

软件供应商	产品/功能
A.K.A.[23]	<ul><li>信息资产登记</li><li>信息架构</li><li>分类法、词库和本体</li><li>术语表</li><li>元数据存储库</li><li>等等</li></ul>
Alfresso Content Services[24]	<ul><li>文档管理</li><li>文档扫描和获取</li><li>信息治理</li><li>等等</li></ul>
ArcTitam[25]	<ul><li>电子邮件存档产品</li></ul>

总之，这些软件产品的功能差别很大。如果你正在寻找元数据存储库，那么你无须花费时间搜索电子邮件存档解决方案。此外，我认为元数据存储库属于元数据管理解决方案。当然，软件解决方案的分类是主观的。我们只需要了解在所谓的"最佳"软件网站上使用的术语有差异即可。"最佳"一词带来了下一个挑战。

挑战4：将软件定义为"最佳"的标准并不明确。此外，不同信息来源使用的标准可能有很大差异。

我浏览了几个推销"最佳"软件的网站。例如，Software Testing Help[26]称该软件是"最受欢迎的"[27]。我的问题是："受欢迎的标准是什么？"

Capterra中会提供评论和评价，但有些软件根本没有评论。无论如何，将软件标记为"最佳"的标准这一问题仍然存在。在我看来，"最佳"的定义是相对的。当产品满足某些标准并符合某些要求时，它可能是"最佳"的。

例如，Gartner为"魔力象限"提供了明确的评估标准。这些标准不仅包括对产品的评估，还包括公司的市场战略、绩效等。当然，问题是供应商的战略是否有助于我们选择满足需求的软件。记住，最明智的方法是，我们需要先明确需求，然后才开始调查"最佳"产品和解决方案。接下来是我发现的与软件分类相关的最后一个挑战。

挑战5：在不同的信息来源中，同一产品可能被分到不同的类别。

下面以Informatica为例来阐释这一观点。Informatica于2020年出现在Gartner的数据质量工具"魔力象限"[29]和元数据管理解决方案[30]中。同时，Informatica被Software Testing Help[31]归类为"数据治理工具"，被Toward Data Science[32]归类为"数据治理框架工具"，被360 Quadrants[33]归类为"数据编织软件"。当然，Informatica是数据管理解决方案的领导者之一，它拥有多种产品和功能。问题在于，Informatica的一些解决方案处于领先地位，而其他的解决方案只能为领先的功能提供附加价值。

因此，我们应该聚焦于寻找与需求相对应的功能。

我认为，意识到这些挑战将有助于我们更有效且成功地选择软件。

在本章末尾，我们将重点介绍与数据血缘软件解决方案有关的一些特性。11.1节中已经提到了这些解决方案的类别。对于每个解决方案的类别，我强调了它可以满足的主要需求和功能。在其他资料中，你可以找到与数据血缘相关的软件解决方案的简介。

11.4 记录数据血缘的解决方案

在本节中，我提供了以下数据血缘内容之间的关系示例。

- 数据血缘层级和组件。
- 数据血缘需求。
- 解决方案及其产品。

我们所讨论的需求和功能只是示例，可以作为分析公司需求和解决方案的起点。

对互联网网站或软件供应商的所有引用仅用于演示。我不倾向于推荐和提供有关软件产品的任何偏好。我相信，"人各有偶"也适用于每个数据血缘解决方案。

我们已经确定了以下四个数据血缘层。

- 业务层。
- 数据模型层，包括：
  ○ 概念层。
  ○ 逻辑层。

○ 物理层。

下面我们从业务层及其第一个组件"业务流程"开始分析软件方案。

11.4.1　业务流程建模解决方案

业务流程是业务层的数据血缘组件。业务流程建模解决方案侧重于记录业务流程。数据血缘组件、解决方案需求和预期产品/功能之间的关系如图11-4所示。

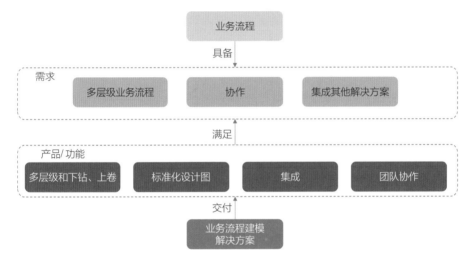

图 11-4　业务流程建模的需求和解决方案示例

业务流程建模软件的需求示例如下。

- 能够在不同抽象的层级中记录业务流程。

  业务流程可以在不同的抽象层级中进行记录。解决方案必须允许在整个结构的多个层级上构建和连接流程。

- 协作。

  业务流程应可供不同团队使用。因此，解决方案应维护一个中央存储库。

- 集成。

  应该可以将该方案中开发的业务流程与其他软件工具中生成的内容联系起来。例如，我们应该能够将IT资产库与业务流程连接起来。

业务流程建模软件应具有以下功能或能力，以满足上述的需求。

- 层级结构和下钻、上卷功能。

  解决方案应该在不同的抽象层级上支持业务流程的建模。它还应该允许业务用户在不同的抽象层级间连接业务流程，并应具备各层级间的下钻、上卷功能。

- 标准化设计图和符号。

  对于不同类型的业务流程，解决方案应具有不同的标准化设计图。它还应保留文档中的不同符号。

- 集成。

  解决方案应包括两种类型的集成方案。第一种是与其他软件解决方案的集成。第二种是由工具设计的不同过程之间的集成。最后一个需求与协作需求紧密相关。

- 团队协作。

  不同的团队应该能够在同一组流程上同时工作。

业务建模软件可能并不复杂。公司通常会使用MS PowerPoint、MS Visio或Lucidchart[34]。这些软件产品具有良好的可视化功能，但缺乏数据存储库。ARIS35软件是一个更复杂的解决方案示例。根据公司业务流程的复杂性，市场上有很多种不同的解决方案。

紧随在业务流程之后，数据血缘业务层还包括其他组件，例如业务能力，下面讨论业务层中其余组件的解决方案。

11.4.2　企业架构解决方案

以下是业务层的数据血缘组件。

- 业务能力。
- 价值流。
- IT资产，包括IT系统、应用程序、数据库等。
- 应用程序流。

企业架构解决方案可以帮助我们记录这些组件。

企业架构解决方案的需求和解决方案示例如图11-5所示。

针对企业架构解决方案，我们应该考虑以下基本需求。

- 多层级结构。

  例如，建议至少在三个抽象层级上记录业务能力。因此，解决方案应维持对象的多层级结构，并具有下钻和上卷功能。

- 存储库。

  为了管理公司的资产，例如IT资产，需要用到一个中央存储库。

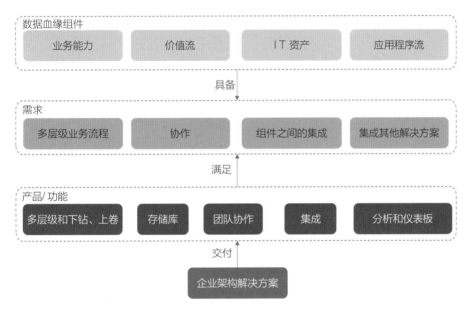

图 11-5　数据血缘业务层组件的需求和解决方案示例

- 团队的协作和集成。

  这些功能与我们讨论的业务流程建模解决方案的功能类似。

- 分析和仪表板。

  针对企业架构解决方案，针对保存在存储库中信息的报告和分析能力是非常重要的。

我想指出与这种解决方案相关的一些挑战。根据TOGAF®9.2，企业架构包括四种不同类型的架构：业务、数据、应用和技术。图11-5中提到的数据血缘组件属于业务和应用架构。挑战在于，不同的软件产品支持的企业架构范围有所不同。我随机抽查了Capterra发布的几种企业架构产品。例如，IRIS Business Architect[38]只提供业务架构解决方案。Sparx Systems[39]不仅提供企业架构功能，还广泛提供其他功能，包括业务流程管理、文档管理等。Adaptive SRG[40]也是一种集成解决方案，除企业架构外，它还提供数据质量、文档管理、法规管理和其他解决方案。软件的选择取决于公司开发企业架构功能的程度及其所需的功能类型。

因此，业务流程建模和企业架构解决方案可以在很大程度上涵盖对业务层数据血缘的记录需求。

下面再来看看在不同的数据模型层记录数据血缘的解决方案。

11.4.3 数据建模解决方案

不同抽象层级的数据模型是下一个应该被记录的数据血缘组件，因此，我们需要一个数据建模解决方案。数据建模的需求和解决方案示例如图11-6所示。

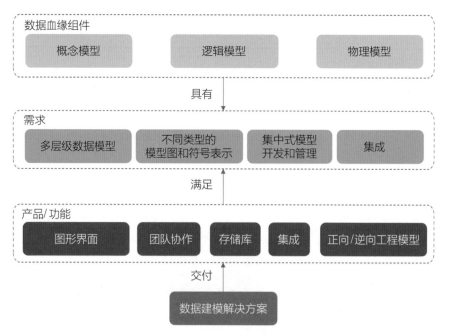

图 11-6　数据建模的需求和解决方案示例

在4.3节中，我们讨论了与数据模型相关的挑战。在选择数据建模解决方案时，其中一些挑战可以被解释为需求。

- 多层级数据模型。

  软件应该能够在不同的抽象层级上记录数据模型，并将它们相互连接。这意味着软件应该具有能够在不同层级上集成数据模型的功能。

- 不同类型的数据模型、数据建模图（E-R图）和符号。

  软件应维护不同类型的数据模型、数据建模方案和相应的图表符号。

我们在前面已经讨论了数据建模的不同方法。经典方法可以识别概念、逻辑和物理数据模型。新方法侧重于识别基于语义的数据模型。数据建模方案和相应的设计图表示法的选择取决于公司内使用的数据库类型。大公司肯定会使用不同类型的数据库。因此，数据建模解决方案应该能够集成不同的数据模型，并且包含不同的图示符号。

- 集中式模型开发和管理。

  这个需求意味着公司中的不同团队应该能够访问数据模型的中央存储库。在协作环境下，应允许不同团队之间交换信息，并能够同时处理模型。

- 软件应能够正向和逆向设计模型。

  正向工程意味着逻辑模型可以被转换为物理模型。这意味着解决方案应该对来自关系数据库、NoSQL、大数据、BI和ETL源的数据进行建模，还意味着可以将物理模型转换为物理数据库模式。逆向工程恰恰相反，侧重于将物理模型重构为逻辑模型。

数据建模解决方案有很多不同的版本。如果需要简易版本，可以选择Archi[41]，这是一种开源数据建模工具。我还想提及其他一些解决方案，例如Sparx系统企业架构[42]、Idera的ER/Studio[43]和ERWIN[44]。提到这些解决方案的一个理由是它们可以集成在一起。它们提供了记录数据血缘所需的一些其他解决方案。

我们研究了覆盖两个层级（业务层和数据建模层）的解决方案，但这些解决方案主要关注描述型数据血缘。我们需要研究能够提供在物理层记录数据血缘的自动型方法的解决方案。

11.4.4　元数据、数据治理和数据血缘解决方案

我将这三种解决方案组合在一节中，主要有以下几个原因。首先，通常，同

一种软件解决方案会在不同的场景中被归类为"数据治理""元数据"和"数据血缘"。Collibra、Erwin、IBM、Informatica、Oracle和SAS是最突出的例子。第二个原因是"元数据"的定义。"元数据"一词包括各种不同类型的数据，甚至数据血缘本身也是更高抽象层级的元数据。数据模型也是元数据。在讨论"元数据"解决方案、存储库等时，会带来很多困惑和挑战。我们应该深入了解这些术语在特定场景中的含义。在本书中，我讨论了元数据、数据治理和数据血缘解决方案，以便记录以下数据血缘组件。

- 业务元数据。
  - 业务术语和定义。
  - 法律法规、政策、信息和数据需求。
- 技术元数据。
  - 数据定义。
  - 物理层数据库的描述。
  - 业务规则。
  - 物理层数据处理的描述。

上述数据血缘组件与元数据、数据治理、数据血缘解决方案之间的关系如图11-7所示。

我们应该记住解决方案的以下需求。

- 不同类型的元数据。
  我们刚刚讨论了术语"元数据"在不同的场景中有不同的含义。例如，关于数据集的元数据与数据库中表和列的元数据不同。解决方案应该为不同类型的元数据维护一组不同的存储库。

- 根因分析和影响分析。
  数据沿着数据链在不同的系统、应用程序和数据库之间流动。元数据通过不同的抽象层级描述这些流动过程。解决方案应能够跟踪不同元数据对象之间的关系，并执行根因分析和影响分析。

- 数据转换透明性。
  数据沿数据链会经历各种转换。数据转换的透明性是合法性要求之一。为了确保数据转换的透明性，解决方案应该能维护应用于数据的业务规则库。

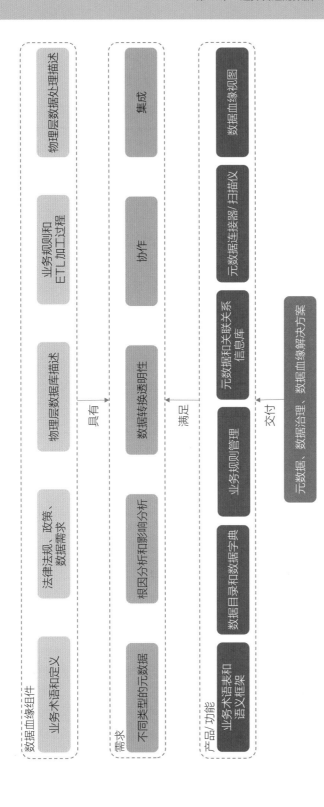

图 11-7 数据血缘组件与元数据、数据治理、数据血缘解决方案之间的关系

- 协作和集成。

  这些要求与前面讨论的要求类似。

为了满足上述要求，解决方案应具有一组产品和/或功能。

我们有时很难对不同供应商的产品进行比较。各个供应商会为同一产品名称赋予不同的含义。以Solidatus[45]的解决方案为例，Solidatus是一家成长迅速的公司，负责提供数据血缘解决方案。从其解决方案的描述中可以发现，"数据目录"解决方案中包括"业务术语表""技术数据描述""资产清单""策略和标准"及"其他分类法"[46]。Octopai[47]提供了一个稍微不同的定义。在Octopai看来，"数据目录是一种工具，它使用完整的业务术语表和数据字典来定位整个组织中的数据。"[48]在本书中，我提供了一个解决方案产品的示例。在研究具体的解决方案时，我们应该深入了解不同产品背后的功能。下面列举本书中用来描述元数据解决方案的一些常用术语。正如我提到的，不同的解决方案供应商之间对术语的定义会有所不同。在本书中，我使用了以下定义。

- 业务术语表。

  业务术语表是业务术语和相应定义的集合。

- 数据字典。

  数据字典包含关于不同抽象层级中数据元素的元数据。它可以包含数据模型逻辑层中有关数据实体和属性的元数据。它还可以包含数据模型物理层或数据库层中有关数据元素的元数据。

- 元数据存储库。

  元数据存储库是维护数据字典的数据库。

- 数据目录。

  数据目录是有关企业中数据集和数据元素位置信息的集合。

- 业务规则存储库。

  业务规则存储库是收集应用数据的业务规则的数据库。在理想情况下，该存储库还包含业务系统中对这些规则的描述。

- 数据血缘查看器、元数据连接采集器、关系存储库。

  物理层的数据血缘需要提供一组不同的功能。首先，应该从不同的数据库中读取元数据。元数据连接器负责执行这项任务。然后，元数据组件及其之间的关系应保存在存储库中。数据血缘查看器是一种工具，它支持对这些元数据对象和关系的可视化展示。

其他一些解决方案也与数据血缘解决方案有关。

11.4.5　数据质量和知识图谱解决方案

我们还应该注意以下两种解决方案。

- 数据质量解决方案。

  一些数据血缘解决方案集成了数据质量解决方案。数据质量解决方案可能包含各种功能。第一种是数据探查，即允许检查不同来源的数据、调查用户、发现违规行为和潜在的数据质量问题。第二种功能是对数据质量问题的治理。数据血缘是成功治理数据质量的"必备"条件。因此，集成数据血缘和数据质量解决方案可以带来额外的业务价值。

- 知识图谱解决方案。

  知识图谱解决方案利用了图数据库的优势。该技术允许连接不同的元数据源。数据血缘可以被解释为由不同元数据组件构成的复杂集合。找到包含所需的全部解决方案的集成软件是很有挑战性的。因此，知识图谱解决方案或许是集成保存在不同解决方案中的元数据的最佳集成工具。

11.4.6　数据血缘解决方案的高阶功能概述

各种商业软件（COTS）解决方案及相应功能的概述可在本书的附录中找到。

有些公司更喜欢构建自己的解决方案来采集数据血缘。我见过使用SQL和图数据库构建数据血缘解决方案的案例。我确信，自建和使用商业软件数据血缘解决方案之间的优缺点与任何类型的软件产品都相似。

本书只关注使用成熟的商业软件解决方案。我将不同来源的供应商及其解决方案进行汇编，并整理出以下清单。

1. 清单中包括以下解决方案。

- 业务流程建模。

  该解决方案提供了构建业务流程的功能，如11.4.1节所述。

- 企业架构。

  该解决方案侧重于对记录数据血缘所需的业务、数据和应用架构进行设计和维护，如11.4.2节所述。

- 数据建模。

  该解决方案包括在不同抽象层级记录和集成数据模型的功能。11.4.3节中讨论了该解决方案的主要特征。

- 数据治理，包括如下内容。

  ○ 组织管理。

    即维护数据治理角色的信息存储库。

  ○ 政策和法律法规。

    解决方案中包括数据政策、制度和法规的信息，这些信息可以与业务数据域、数据集相连，并最终连接数据元素。

以下内容对应DAMA-DMBOK2中对数据治理的定义。

- 元数据管理，包括如下内容。

  ○ 数据目录、业务术语表、数据字典和元数据存储库。

    这些产品在不同的抽象层级对元数据对象的描述进行维护。

  ○ 业务规则管理。

    此功能表示用于存储数据转换的业务规则的存储库。

  ○ 物理层的自动型数据血缘。

    此功能确保对元数据对象及其之间关系的可视化展示。

  ○ 连接器。

    连接器允许自动读取代码，从而发现元数据对象及其之间的关系。

    在11.4.4节中可以找到有关记录元数据要求的更多详细信息。

- 数据质量。

  数据质量主要关注数据分析或对数据质量问题的治理。

- 知识图谱。

  该功能允许使用图数据库功能连接不同的数据血缘组件。

  更多信息详见11.4.5节。

2. 本清单中不包括对产品或功能的进一步详细分类，主要有以下两个原因。

- 新产品和功能的更新会比本书中的信息更新更加频繁。
- 不同供应商网站提供的产品详细程度不允许我们进行准确的比较。

因此，清单仅提供了对解决方案的高阶功能概述。对读者来说，对产品功能的详细比较仍然是一个挑战。

3. 该清单仅包括提供多项记录数据血缘所需功能的供应商。

主要原因在于有必要用一个集成解决方案来记录多个数据血缘组件。

这意味着清单中不包括只提供一项功能的供应商。例如，某供应商仅提供一种数据建模解决方案。

现在，我们已经知道了要记录的数据血缘类型，并应该选择适当的软件。下面我们继续编写数据血缘文档。

第 11 章 小结

- 选择软件解决方案的三个步骤：
  - 定义业务需求。
  - 将业务需求转化为具体功能需求。
  - 找到满足功能需求的解决方案、软件产品和功能。
- 为了找出有关软件解决方案的信息，应执行以下步骤：
  - 研究重要网站及可信信息来源。
  - 创建供应商和解决方案清单。
  - 访问供应商的网站，并将其产品与需求相匹配。
- 在调查软件解决方案时，应注意以下挑战。
  - 挑战1：解决方案的分类术语与常用的术语不匹配。不同出处的术语也不一致。

 ○ 挑战2：即使解决方案的分类是相似的，但软件供应商和/或产品清单往往差别很大。

 ○ 挑战3：具有相似解决方案的软件产品具有完全不同的功能。

 ○ 挑战4：将软件定义为"最佳"的标准不明确。此外，不同信息来源使用的标准可能千差万别。

 ○ 挑战5：在不同的信息来源中，同一产品的分类可能也不同。

- 为了在业务层上记录数据血缘，数据血缘解决方案应满足以下要求：

 ○ 多层级结构。

 ○ 协作。

 ○ 与其他解决方案的集成。

 ○ 组件之间的集成。

- 两种类型的软件解决方案可以满足在业务层记录数据血缘的需求，分别是：业务流程建模解决方案和企业架构解决方案。

 这些解决方案应具有以下功能：

 ○ 层级结构和下钻、上卷功能。

 ○ 标准化设计图。

 ○ 集成能力。

 ○ 团队协作能力。

 ○ 分析和仪表板功能。

- 为了在数据模型层记录数据血缘，数据建模解决方案应满足以下需求：

 ○ 多层级数据模型。

 ○ 不同类型的模型图和符号。

 ○ 集中式模型开发和管理。

 ○ 集成能力。

- 数据建模解决方案满足在数据模型层上记录数据血缘的要求。

 解决方案应具有以下功能：

 ○ 对多个数据模型的维护和集成。

 ○ 图形界面。

 ○ 中央存储库和协作能力。

○ 正向/逆向工程模型。

- 与数据血缘相关的元数据的主要需求：
  - ○ 在不同抽象层级中的不同类型的元数据。
  - ○ 根因分析和影响分析。
  - ○ 数据转换透明性。
  - ○ 协作和集成。
- 元数据、数据治理和数据血缘解决方案可以满足记录元数据的要求。
  以下功能和/或产品符合这些要求：

  - ○ 业务术语表和语义框架。
  - ○ 数据目录。
  - ○ 数据字典。
  - ○ 业务规则存储库。
  - ○ 元数据及其关系存储库。
  - ○ 元数据连接/采集器和扫描仪。
  - ○ 数据血缘查看器。
- 此外，还有两个解决方案——数据质量和知识图谱——可以补充数据血缘的需求。
- 不同供应商会提供不同的数据血缘解决方案。在市场提供的各种解决方案中，我们应该选择最能匹配公司要求和资源的解决方案。

第
12
章

数据血缘的记录和构建分析

第6章讨论了构建数据血缘业务案例的主要步骤。到目前为止，我们已经介绍了开始实施数据血缘所需的所有步骤。数据血缘的记录和构建分析工具属于实施工作中最后的步骤。前期准备得越充分，实现起来就越容易。但是在开始之前，我们应该了解要执行的实施步骤以及可能面临的挑战。

本章内容简介：

- 使用描述型和自动型方法讨论数据血缘的实践落地。
- 检查记录血缘文档的主要步骤。
- 讨论用于记录和集成的常用技术。
- 讨论在数据血缘解决方案之上构建分析工具的必要性。

阅读本章的收获：

- 主导数据血缘项目。
- 规划具体实施的主要步骤。
- 交付满足不同利益相关者需求的结果。

我们已经在5.4节中讨论了记录数据血缘的两种方法：描述型和自动型方法。

描述型数据血缘是一种在元数据存储库中手动记录元数据血缘的方法。

自动型数据血缘是一种通过自动化流程记录元数据血缘的方法，该流程会扫描元数据，将元数据采集到元数据存储库中。

每种方法都适用于不同抽象层级的特定数据血缘组件。相关的挑战之一是集成由不同方法记录的数据血缘组件。下面研究一下每种方法适合记录哪些数据血缘组件。

12.1 描述型和自动型数据血缘记录方法的主要组件

第4章讨论了数据血缘的主要组件。在图12-1中，可以看到哪些组件可以通过哪种方法进行记录。

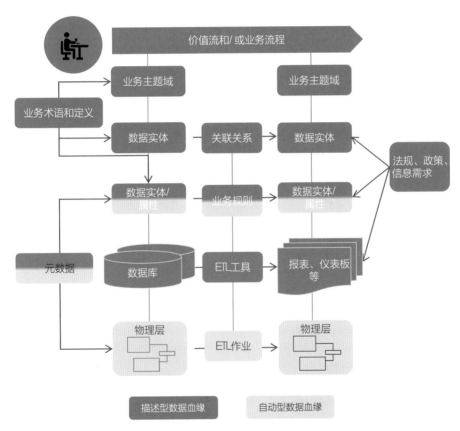

图 12-1 可以使用描述型和自动型方法记录的数据血缘组件

描述型数据血缘

可通过描述型方法记录的数据血缘组件以蓝色标记。它们是：

- 业务能力、业务流程。

- IT资产流。
- 数据集流。
- 概念和逻辑数据模型。
- 业务规则。

自动型数据血缘

物理层的所有数据血缘组件应使用自动型方法进行记录，在图12-1中以浅灰色标记。

有些数据血缘组件可以通过上述两种方法中的任何一种进行记录，这取决于公司可用的资源和工具，例如，与业务规则相关的逻辑数据模型和ETL作业。我还遇到一些公司试图手动记录物理层数据血缘。

数据血缘组件的记录应按照一些步骤的逻辑顺序进行。

12.2 数据血缘记录的主要步骤

记录数据血缘的逻辑顺序并没有严格的规则。实际上，不同的团队会同时记录不同组件的血缘。唯一重要的是这些组件之间的关系背后的逻辑。在某些时间点，我们应该将不同数据血缘组件的信息集成到一个组件中，形成全范围的数据血缘。

在本节中，我们将讨论创建全范围的数据血缘的逻辑。

三个主要步骤如图12-2所示。

主要步骤分别是：

1. 用描述型方法记录数据血缘。

2. 用自动型方法解析数据血缘。

3. 在描述型和自动型数据血缘的组件间实现集成。

这些步骤看起来非常简单，但实现起来却不容易。到目前为止，我还没有看到任何一家公司能够全部完成所有这些步骤，即使是在有限的范围内。这样一个目标的达成既需要时间，也需要资源。在后面的小节中，将介绍每个步骤。

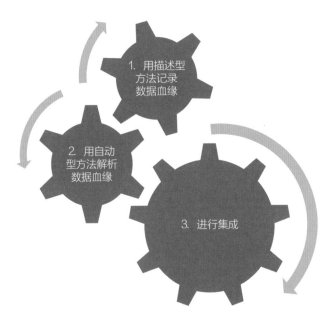

图 12-2 创建全范围数据血缘的主要步骤

12.3 使用描述型方法记录数据血缘

全范围的描述型数据血缘的交付遵循图12-3中的步骤。该步骤展示了记录数据血缘不同组件的方法。不同的团队可以协同工作来交付这些组件。

下面详细探讨这些步骤。

步骤1：创建业务模型。

创建业务模型可能是为了追求不同的目标。从数据血缘的角度来看，主要目标是发现：

- 业务领域和相关数据集。
- 数据链。

我们可以使用不同的技术来创建业务模型。为了实现上述目标，我制定了一个模型，如图12-4所示。该模型参考了两个著名的模型。第一个是"商业模式画布"（business model canvas）技术，它是实现这一目标的最有效技术之一。该技术的描述可在The Open Group架构论坛编写的文章 "*Business Models*"[1]中找到。第二个模

155

型是The Open Group发布的《TOGAF®系列指南：业务能力》中描述的业务能力地图（business capability map）。

图 12-3　执行描述型数据血缘记录的步骤

下面来深入研究图12-4中的模型。

4.1节中已经讨论了业务能力的概念和相关定义。业务能力使企业能够实现特定的目标并交付成果。业务流程确保公司将成果交付给客户。业务能力和业务流程二者之间是相互关联的。

战略能力代表战略规划和控制的范围。例如，这些能力包括战略规划、风险管理和政策管理。

核心能力侧重于向客户交付业务价值。为了交付价值，公司需要执行以下几个步骤：首先从合作伙伴那里购买商品和服务，然后由公司设计和生产新产品和服务。通过这样的方式为公司客户创造价值。

核心能力的示例包括合作伙伴管理、产品管理和客户管理。

支撑能力支持业务的运作，例如财务管理、库存管理。

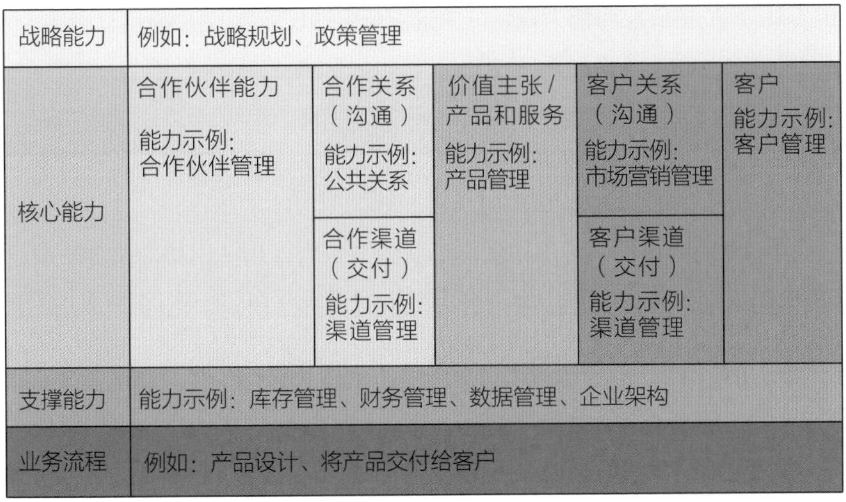

战略能力
例如：战略规划、政策管理
核心能力
合作伙伴能力
能力示例:
合作伙伴管理
合作关系（沟通）
能力示例:
公共关系
合作渠道（交付）
能力示例:
渠道管理
价值主张/产品和服务
能力示例:
产品管理
客户关系（沟通）
能力示例:
市场营销管理
客户渠道（交付）
能力示例:
渠道管理
客户
能力示例:
客户管理
支撑能力
能力示例：库存管理、财务管理、数据管理、企业架构
业务流程
例如：产品设计、将产品交付给客户

图 12-4　记录业务模型的模型

较高层级的业务能力应被分解为较低层级的业务能力。例如，客户管理可以分解为客户获取、客户满意度管理、客户订单管理等，如图12-5所示。

客户管理
客户获取
客户满意度管理
客户订单管理

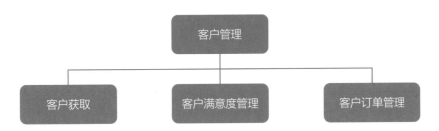

图 12-5　业务能力分解示例

这种业务分析的主要目标之一是确定业务主题域。

步骤2：确定主要的业务主题域。

业务模型有助于理解业务主题域。在4.4节中提到了业务主题域的概念。确定业务主题域的必要性主要基于以下两个原因。

1. 业务主题域是记录数据血缘的第一候选者。正确识别业务主题域能够确定数据血缘计划的范围。

2. 业务主题域展示了业务和数据模型之间的连接。业务主题域的知识可以简化数据模型的开发过程。

图12-4所示的核心业务能力表示的关键业务主题域如图12-6所示。

图 12-6　业务主题域的示例

正如我们前面指出的，业务流程会连接业务能力。因此，接下来的步骤是记录业务流程的信息。

步骤3：记录重要的业务流程。

不同公司在业务流程方面有不同的做法。对于较小规模的公司，记录业务流程更容易。公司越大，这项任务就越复杂。记录业务流程的抽象层级也因公司而异。为了使这项工作切实可行，公司应该只关注最重要的流程。对"重要"一词的定义也取决于公司。一个被记录的业务流程信息通常表示执行此流程的角色。业务流程的示例如图12-7所示。

图 12-7　业务流程的示例

本示例简要说明了软件公司开发新产品应执行的高阶活动，其中的每个步骤都应被分解为更低抽象层级的活动。

IT资产应连接业务流程。

步骤4：在IT资产和数据集层记录数据流。

下一步是记录IT资产。对大型企业来说，这一步是一项具有挑战性的工作。系统、应用程序、数据库、ETL工具等IT资产可以处理特定的数据集。步骤2确定的业务主题域有助于对数据集进行分类。如图12-8所示，对IT资产和数据集迁移的记录发生在相对较高的抽象层级上。

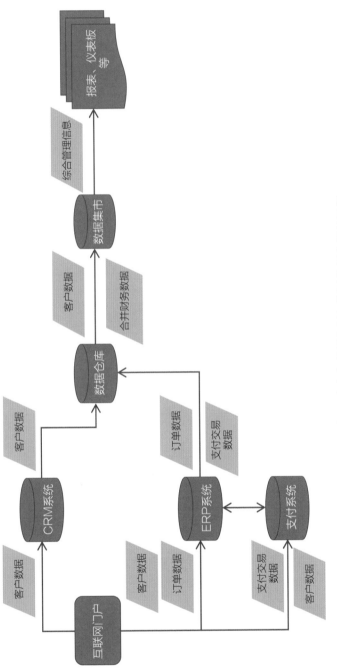

图 12-8　在 IT 资产和数据集层级记录数据血缘的示例

例如，数据血缘的信息以互联网网站为起点，来自互联网网站的数据会流向多个位置，数据链以报表为终点。我们可以将特定数据集与IT资产相连。然而，在这个抽象层级上，我们只能在高阶抽象层级指定数据集，例如"客户数据"。

概念数据模型和逻辑数据模型有助于将业务主题域和数据集分解到更低的抽象层级上。

步骤5：开发概念数据模型和逻辑数据模型。

4.5节中讨论了数据模型及其相关挑战。业务主题域应被分解为数据实体和属性，它们是数据模型的组件。这种分解的示例如图12-9所示。

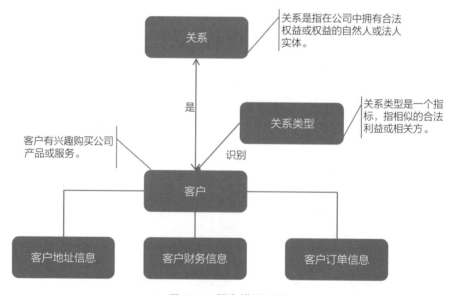

图 12-9　概念模型示例

业务主题域"客户"会派生出数据实体"客户"。该数据实体已分解为其他三个数据元素，如"客户地址信息""客户财务信息"和"客户订单信息"。继续进行这种分解，即可将概念数据模型转换为逻辑数据模型。

创建概念数据模型和逻辑数据模型的这个步骤是与描述型数据血缘相关联的最后一步。

正如前面提到的，通过使用数据建模软件的"正向或逆向工程"功能，甚至可以自动生成逻辑数据模型文档。

步骤6：匹配步骤2到步骤5中的所有组件。

数据血缘管理中的最大挑战之一是数据血缘组件的整体关联匹配。如何执行此操作，主要取决于使用的工具。如果使用具有集成功能的工具，如Collibra、Informatica和Erwin，那么任务可能相对简单。这些工具同时提供了集成和协作功能。在任何情况下，不同组件之间的匹配都是一个耗费时间和资源的过程。

在我的书《数据管理工具包》（*Data Management Toolkit*[3]）中，我详细描述了描述型数据血缘技术与数据血缘组件的集成。

下面来探讨自动型数据血缘。

12.4 使用自动型方法记录数据血缘

本书前言中提到，这本书不是为技术专业人士准备的。本节旨在使非技术专业人员对自动型数据血缘解决方案有基本的了解，并使他们与技术同事沟通起来更简单。让我们从基本概念开始。

基本概念

自动型数据血缘是通过自动化软件解决方案在物理层上执行的元数据血缘。例如，表、列和ETL作业是此层级的元数据血缘对象，它们都是基本对象。例如，SAS应用程序的SAS数据血缘可以记录40多种类型的对象。

自动型数据血缘满足了对不同工具之间的物理元数据转换进行记录和可视化的需求。数据建模、数据库设计、ETL和商业智能（BI）工具就是这方面的例子。

自动型数据血缘解决方案

自动型数据血缘解决方案应包括以下功能。

- 读取元数据组件及其之间的关系。
  在本节中，我使用术语"元数据"表示元数据组件的组合以及它们之间的关系。

- 从不同的工具中读取元数据，如数据建模和数据库设计工具。
- 从由不同语言编写的脚本中读取元数据。
  一些公司仍然使用COBOL编写大型机上的程序，也有其他公司使用Python编写应用程序。

- 从来自不同供应商和使用不同底层技术的工具中读取元数据。
  例如，来自关系数据库、OLAP、图数据库等的元数据。

- 在各种工具之间实现元数据的迁移。
  例如，关系数据库中的元数据应该被读取并存储在元数据存储库中。

- 元数据迁移的可视化。
  元数据迁移应在图形界面中可见，以便于对信息的使用。

- 分析元数据并以报告和/或仪表板的形式提供信息。
  我们将在下一节中讨论这一要求。

- 集成不同抽象层级的元数据，并支持上卷和下钻功能。
  例如，某个用户应该能够在IT资产层（例如数据库层）查看数据的迁移，然后向下钻取到表和列。

为了实现所有上述功能，自动型数据血缘解决方案可能需要使用和集成不同的产品。接下来讨论自动型数据血缘解决方案的简化模型，如图12-10所示。

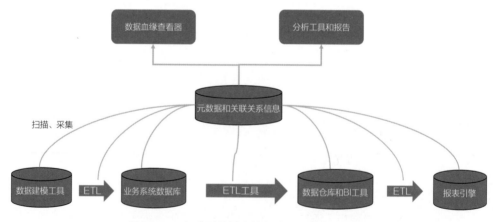

图 12-10　自动型数据血缘解决方案的简化模型

数据会流经不同的数据库和应用程序。企业希望记录和展示数据和对象建模工具、业务系统数据库、数据仓库（DWH）和BI工具、报表引擎，以及ETL工具之间的元数据迁移。

扫描仪从这些工具中读取元数据。针对扫描仪，不同的解决方案供应商会使用不同的名称，比如"桥接器""连接器"或"捕获器"等。每种特定类型的数据库、ETL工具和编码语言都需要单独类型的扫描仪。元数据存储库会存储不同来源的元数据并将其集成。数据血缘查看器可对数据血缘组件及其之间的关系进行可视化。元数据存储库上方的分析工具可以分析元数据。

为自动型数据血缘提供元数据的方法还有很多。

获取元数据的不同方法

元数据的获取方法有两种，分别是展示元数据的有效性和获取元数据的可行性。

第一种是展示元数据的有效性。元数据可以在"运行态"和"设计态"两种状态下被检索到。

"设计态"数据血缘显示在某个时间点为特定数据集创建或导入的元数据。只有当数据库结构更改时，才会更新数据血缘。

"运行态"数据血缘展示每次处理特定数据集时的元数据对象。

第二种是通过已获取元数据的方法来生成数据血缘。

- "按实现代码生成"的数据血缘。
  在这种情况下，数据血缘对象源自实现代码。实现代码中的更改会立即反映在数据血缘中。

- "按设计文档生成"的数据血缘。
  有关数据血缘组件的信息源自设计文档。在交付到元数据存储库之前，此类信息需进行硬编码。

当面临在数据库中执行复杂计算的情况时，数据血缘会变得过于复杂。在这种情况下，有关加工计算的文档信息可以满足业务需求。

最后来介绍自动型数据血缘解决方案的一些挑战。

自动型数据血缘解决方案的一些挑战

根据我的实际经验，请注意以下挑战。

- 历史控制和可审计性。

  主要的业务需求之一是跟踪数据处理历史的能力。通常，这个要求来自财务部门。为了解释一些计算逻辑，需要回顾一下历史过程。挑战在于元数据血缘解决方案并不能一直保存此类信息，其中一个关键原因是内存容量有限。

  一种可能有效的解决方案是在数据库中发布新版本时，复制元数据血缘信息。

- 元数据、数据信息过多，用户体验不友好。

  即使对于一个有限的架构范围，元数据血缘也包括数十万个元数据对象和数百万个关系。对商业用户来说，这"太多了"。当在屏幕上看到无数的对象和关系时，他们对数据血缘的热情就会消失。

  普通的业务用户会有两个需求。

    ○ 了解源系统中的哪些数据属性已被用于计算最终输出（如报表）数据属性。
    ○ 了解数据在从源头到最终目的地的过程中经历了哪些转换。

  在元数据存储库之上构建分析是满足这些业务需求的唯一解决方案。另一个选择是，将下钻和上卷功能与数据血缘分析功能相结合。

- 有必要在元数据存储库之上构建分析，以证明数据血缘的正确性。

如果你认为将数据血缘记录下来就结束了，那就错了。这只是一个开始。此时，我们应该开始在元数据及其关系存储库之上构建分析。

我们刚才讨论了第一个原因。对普通业务用户来说，元数据血缘太复杂了。他们只需要简单的、类似Excel的报告来使用信息。而第二个原因并不明显，问题是"如何证明数据血缘的正确性"。如果你认为根据定义，它是正确的，那么你又错了。不同的原因可能导致数据血缘不正确和不完整。在某种程度上，这取决于采集元数据的方法。在任何情况下，读取元数据都需要硬编码。为了证明数据血缘是正确的，我们应该在元数据存储库上进行分析。通过分析数据从源头到目的地的属性之间的关系，我们可以证明数据血缘的正确性和完整性。因此，如果你购买了市场上成熟的数据血缘解决方案，那么应该确保其内置了分析功能。

12.5　描述型和自动型数据血缘组件的集成

描述型和自动型数据血缘组件之间的交集是对应的逻辑和物理数据模型。事实上，这种集成是对纵向血缘的记录。以下两种方法可以用于提供集成解决方案。

- 数据血缘解决方案中的集成功能。

  集成功能也许是数据血缘解决方案的一部分，比如在数据目录中。其中一个相关的挑战值得注意，我们应该手动将多个物理数据模型与一个逻辑模型相连。高级的解决方案可以提供机器学习功能来执行物理属性和逻辑属性之间的匹配。无论如何，这种匹配过程本身都是手工操作。期望在可以预见的未来，快速发展的技术能提供更便捷的解决方案。

- 使用图数据库匹配不同来源的元数据。

  图数据库技术支持不同存储库和目录之间的匹配。匹配技术的挑战与上面讨论的相同。

至此，通过在不同的抽象层级使用不同的方法和技术，我们已经讨论了与元数据血缘信息相关的所有主题。在本章的最后一节中，我们会讨论如何在数据值血缘中满足业务用户的需求。

12.6　数据值血缘管理

我甚至不记得我是如何命名"数据值血缘"的。在讨论元数据血缘的要求时，我们从未想到业务利益相关人员会对元数据血缘不满意。尽管我多次向业务人员解释元数据血缘的概念，但我遇到的第一个问题总是，"我是否能够从报表单元格到原始合同一直追溯数据值的变化？"在某些时候，我们甚至在项目中启动了一个新的"数据值血缘"流。对可能的解决方案的调研还未取得任何结果，到目前为止，我还没有遇到任何可以提供这种功能的商业产品。我听说有人试图通过自建方案实现这一概念，其想法是用特定的元数据标记每个数据实例。而对拥有大量数据的公司来说，这个解决方案并不可行。

后来我们意识到有两种变通的解决方案也许是可行的。变通方案从评估"数据值血缘"背后的实际业务需求出发。业务人员，特别是财务人员和风险部门的业务人员，需要能够在不同的数据点核对数据。因此，我们的解决方案是将元数据血缘与其他一些解决方案相结合，举例如下。

- 下钻和上卷功能。
  下钻功能允许从较高的聚合层级放大到较低的聚合层级。上卷功能允许用户返回数据源。遗憾的是，这些功能很难跨多个应用程序和扩展数据链实现。

- 数据点和数据链中的比对报告。
  元数据血缘使生成最终报告所需的数据属性变得透明。元数据允许为不同数据点的已知属性构建分析报告，以支撑数据的使用。

在第6到12章中，我们讨论了实现不同类型数据血缘的不同方法。在第二篇的末尾，我想分享一些实现数据血缘的关键因素的成功经验。

第 12 章 小结

记录数据血缘的描述型方法和自动型方法适用于数据血缘中的不同层级和组件。

- 描述型数据血缘可用于记录以下两种数据血缘。
  - 业务层数据血缘的组件：
    - 业务能力、业务流程。
    - IT资产流。
    - 数据集流。
    - 概念和逻辑数据模型。
    - 业务规则。
  - 数据模型层的数据血缘：
    - 概念数据模型。
    - 逻辑数据模型。
- 应使用自动型方法记录物理层的所有组件。
- 数据血缘记录的主要步骤是：

1. 使用描述型方法记录数据血缘。

2. 使用自动型方法解析数据血缘。

3. 在描述型和自动型数据血缘的组件之间进行集成。

- 应按照以下步骤使用描述型方法记录数据血缘。

    步骤1：创建业务模型。

    步骤2：确定主要的业务主题域。

    步骤3：记录重要的业务流程。

    步骤4：在IT资产和数据集层记录数据流。

    步骤5：开发概念和逻辑数据模型。

    步骤6：匹配步骤2到5中的所有组件。

- 自动型数据血缘解决方案应包括多种功能，以满足以下要求。

    ○ 读取元数据组件及其之间的关系。

    ○ 从不同的工具中读取元数据。

    ○ 从由不同语言编写的脚本中读取元数据。

    ○ 在各种工具和存储库之间移动元数据。

    ○ 元数据迁移的可视化。

    ○ 分析元数据。

    ○ 集成元数据。

- 根据元数据的可用性，数据血缘可以是"运行态"或"设计态"的。

- 根据获取元数据的可行性，将数据血缘分为"按实现代码生成"和"按设计文档生成"类型。

- 应考虑与自动型数据血缘相关的挑战。

    ○ 历史控制和可审计性。

    ○ 元数据信息过多，对用户不友好。

    ○ 在元数据存储库之上构建分析的必要性，以：

        ■ 满足普通业务用户的需求。

        ■ 证明元数据血缘的完整性和正确性。

- 集成描述型和自动型数据血缘组件的两种解决方案：
  - 使用市场上的商业产品的集成功能。
  - 使用图数据库。
- 数据值血缘不存在商业产品功能。
- 满足数据值血缘要求的两种解决方案：
  - 元数据血缘与下钻、上卷功能的结合。
  - 数据点和数据链中的比对报告。

数据血缘业务案例的
风险因素和成功因素

与所有的项目一样，数据血缘项目既可能失败，也可能成功。项目都有其风险因素和成功因素。

本章内容简介：

- 讨论需要注意的风险因素。
- 重视成功因素。

阅读本章的收获：

- 分析适用于公司的风险因素，以降低风险。
- 创造条件，以实现成功因素。

13.1　风险因素

在本节中，基于数据血缘概念的背景，我列出了许多组织内常见的风险因素。每个组织都可能存在与行业或公司相关的其他风险。下面讨论一些常见的风险因素。

- 数据血缘是一个复杂的概念。

  对许多业务和数据管理专业人员来说，数据血缘仍然是一个抽象、未知的主题，原因在于他们没有太多的实践经验。

  更令人困惑的是，数据血缘的概念本身目前在业内没有统一的定义。这为沟通和确定业务需求造成了困难。

- 在任何情况下，实施数据血缘都是时间和资源密集型工作。

  它需要在软件、硬件和员工发展方面进行大量投资。即使使用商业软件和

"开箱即用"的解决方案，实施数据血缘也需要数月甚至数年的努力。

- 遗留系统的数据血缘仍然是一个挑战。

  许多公司都有遗留软件，例如大型机应用。其中一个关键的挑战是无法自动读取它们的元数据。因此，从数据血缘的角度看，即使是几年前上市的产品，它可能仍然是一个"黑匣子"。一些供应商也许有针对遗留软件的解决方案，但不应低估实施这些解决方案所需的工作量。

- 许多公司仍然没有具备成熟的数据管理、数据治理和企业架构能力。

  数据血缘计划需要经验丰富的数据管理人员和具有相应背景的IT专业人员的共同努力。记录数据血缘需要整合各种数据管理功能的组件。因此，实施数据血缘的前提是已具备足够成熟的数据管理能力。

  风险因素还有很多，然而，最重要的是考虑如何降低风险以及如何成功制订工作计划。

13.2 成功因素

为了成功实现数据血缘业务案例，公司应关注以下方面。

- 高层管理者的支持。

  我们可以相对快速地获得此类支持。数据血缘被认为是满足法规要求的手段之一。因此，它具有高度的业务必要性。高层管理者应优先考虑公司的资源，并为项目出资。

- 明确业务驱动因素、目标和项目范围。

  不同的业务驱动因素可能需要记录公司内不同部分的数据血缘。如前文所述，遵守GDPR要求跟踪个人数据的数据血缘，遵守SOX要求关注财务数据。重点突出的方法有助于确定项目的可行范围。

- 从"小"开始。

  试点项目是在公司内部构建数据血缘领域知识和能力的最佳方式。这样还有助于向利益相关者展示从满足监管机构需求开始，到实现业务用户需求结束的快速成功过程。

- 合理选择元数据架构和数据血缘工具。

  我做过几年项目经理，负责实施两个不同的ERP模块。我经常看到，客户只使用了系统可用功能的20%。元数据架构和数据血缘解决方案应匹配公司的需求和资源，从而有效利用这些资源。

- 完善的数据管理和数据治理能力。

  在刚开始实施数据血缘时，企业可能没有建立完善的数据管理和数据治理能力。数据血缘计划可以加强对这些能力的开发力度。本书的最后一章将更深入地讨论这个主题。

- 业务人员的积极参与。

  数据血缘通常是一场技术盛宴。挑战在于，业务人员对此功能有自己的需求和期望。通常，这种期望与现实相去甚远。如果在项目结束时，没有人员像预期那样使用数据血缘，这可能会令人非常失望。为了避免出现这种情况，业务人员应该从早期阶段就积极参与数据血缘工作，他们的声音和期望应该得到倾听和考虑。

我希望你现在已经准备好开始使用数据血缘了。

第三篇将介绍使用数据血缘的几个业务案例。

第 13 章　小结

- 每个数据血缘项目都有其风险因素和成功因素。
- 常见的风险因素如下：
  - 数据血缘是一个复杂的概念。
  - 数据血缘的实施是时间和资源密集型工作。
  - 遗留系统的数据血缘仍然是一个挑战。
  - 许多公司仍然没有具备成熟的数据管理、数据治理和企业架构能力。
- 以下因素可以确保数据血缘工作的成功：
  - 高层管理者的支持。
  - 明确业务驱动因素、目标和项目范围。
  - 从小事做起。
  - 合理选择元数据架构和数据血缘工具。
  - 完善的数据管理和数据治理能力。
  - 业务人员的积极参与。

第二篇　总结

在第二篇中，我们讨论了实现数据血缘的不同方面。

构建数据血缘业务案例的九步方法论形成了第二篇的内容框架。

九步方法论包括以下步骤。

1. 确定主要的业务驱动因素

每个数据血缘项目都应该从定义该工作的业务驱动因素开始。被选定的业务驱动因素决定了工作的可行范围、截止日期和所需资源。

2. 主要利益相关者的支持和参与

数据血缘工作涵盖了不同利益相关者的需求，需要具有不同背景的专业人士参与，是一项时间和资源密集型的工作。因此，主要利益相关者的密切合作和参与是成功的关键因素之一。

3. 明确数据血缘工作的范围

数据血缘项目应被限制在可行范围内：

- "企业"的范围。
- 数据血缘的"长度"。
- 数据血缘的"深度"。
- 关键数据元素集。
- 数据血缘组件的数量。

4. 定义角色和责任

不同的业务、数据管理和IT角色参与执行数据血缘的记录工作。以下多个因素会影响数据管理角色的设计：

- 数据专员的类型。
- 业务能力维度。
- 数据链上的角色位置。
- 数据管理子能力。
- 数据架构风格。

- IT解决方案的设计方法。
- 业务域定义。
- "企业"的范围。

记录数据血缘所需的角色集取决于数据血缘的以下特征：

- 数据血缘层。
- 数据血缘组件。
- 交付数据血缘成果所需的数据管理能力。
- 主要的数据管理角色。

5. 准备数据血缘需求

数据血缘需求取决于所选的数据血缘元模型和数据血缘类型。数据血缘要求旨在传达利益相关者的需求和期望，并微调项目的范围。

- 元数据血缘需求分为通用、横向和纵向数据血缘需求。
- 数据值血缘需求只包括通用需求和横向数据血缘需求。

6. 选择实施数据血缘的方法

实施方法应符合公司的目标和资源。不同的因素会影响实施方法的选择：

- "企业"的范围。
- 数据血缘记录方法。
- 数据血缘的范围参数。
- 数据血缘的记录方向（纵向、横向）。
- 项目管理风格。
- 元数据架构的成熟度。

7. 选择合适的数据血缘解决方案

公司提出软件解决方案应遵循的三个步骤如下。

（1）定义业务需求。

（2）将业务需求转化为功能需求。

（3）找出满足需求的解决方案、软件产品和功能。

为了找出有关软件解决方案的更多信息，公司应执行以下步骤。

- 研究重要网站及可信信息来源。
- 创建供应商和解决方案清单。
- 访问供应商的网站，并将其产品功能与公司需求进行匹配。

在调查软件解决方案期间，我们应该注意可能遇到的挑战。多个供应商会提供不同的数据血缘解决方案。在市场上提供的各种解决方案中，我们应该选择最能满足公司需求和资源的解决方案。

8. 记录数据血缘

描述型和自动型方法是记录数据血缘的主要方法。这些方法适用于数据血缘的不同层级和组件。

描述型数据血缘可用于记录以下内容。

- 业务层数据血缘的组件：
  - 业务能力、业务流程。
  - IT资产流。
  - 数据集流。
  - 概念和逻辑数据模型。
  - 业务规则。

- 数据模型层级的数据血缘。

数据血缘记录的主要步骤是：

（1）使用描述型方法记录数据血缘。

（2）使用自动型方法解析数据血缘。

（2）在描述型和自动型数据血缘的组件之间进行集成。

9. 构建分析工具

在元数据存储库和元数据血缘之上的分析工具提供了以下价值。

- 它简化了业务人员对数据血缘的使用。
- 它有助于检查数据血缘的完整性和正确性。

为了成功实施数据血缘，公司应识别潜在的风险因素，并在实践中考虑并探索成功因素。

第三篇
使用数据血缘

成就的价值在于实现。

——阿尔伯特·爱因斯坦

在第一篇中，我们就数据血缘的定义及数据血缘元模型的设计达成了一致；在第二篇中，我们讨论了数据血缘实现的不同方面。现在，是时候讨论数据血缘的使用案例了。对许多业务用户来说，数据血缘可能是他们日常操作的便捷工具。同时，数据血缘并不是一个易于使用的工具。已启动数据血缘工作的公司，应注意并让业务用户参与到数据血缘中。业务用户应该了解使用此功能的益处和优势。

第三篇旨在指导数据管理、项目管理和业务人员如何在以下方面使用数据血缘。

- 发现关键数据元素。
- 确定、检查和控制数据质量需求。
- 执行根因分析和影响分析。
- 实现基于驱动因素的建模和规划。
- 实现数据管理框架。

在接下来的章节中，我们将逐一探讨每个主题。

第
14
章

关键数据

"关键数据"的概念多年来一直存在于数据管理专业人员的工作议程中。这一概念的主要贡献者有David Loshin、Rajesh Jugulum、DAMA-DMBOK出版物和法律文件。

本章内容简介:

- 调查使用关键数据概念的场景。
- 讨论关键数据(元素)的定义。
- 突出该概念的应用领域。
- 讨论定义关键数据元素的技术。

阅读本章的收获:

- 评估该概念在企业中的适用性。
- 确定与企业业务相关的关键数据。

我们从使用关键数据这一概念的场景开始。

14.1 关键数据的使用场景

我分析了术语"关键数据(元素)"(CDE)的不同来源,发现它会被使用在不同的场景中。

这里列举四种场景,如图14-1所示。

- 信息技术（IT）运营。

  在这种场景下，关键数据有助于组织确定IT工作的优先级。

- 数据保护和数据安全。

  这两种场景通常一起使用。数据保护场景的最佳示例是GDPR（通用数据保护法规）。该法规在整个欧盟范围内都很有名，它侧重于保护个人数据。在这种场景下，所有个人数据都被视为关键数据。

- 数据管理。

  在本书中，我主要关注这种场景。在处理数据质量、主数据和参考数据、数据治理时，关键数据元素非常重要。

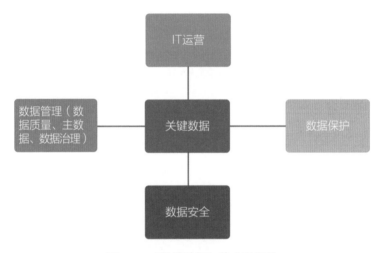

图 14-1 "关键数据"的应用场景

下面给出关键数据和关键数据元素的定义。

14.2 关键数据（元素）的定义

在各种信息来源中，我们会发现两个术语："关键数据"和"关键数据元素"。下面来研究它们的相似程度。

DAMA-DMBOK2将关键数据定义为"对组织及其客户最重要的数据"[1]。

在巴塞尔银行监管委员会发布的"有效风险数据加总和风险报告原则"（BCBS 239或PERDARR）中，提供了以下几种不同的定义。

- "对银行管理其面临的风险至关重要的数据。"[2]
- "对风险数据汇总和IT基础设施工作至关重要的数据。"[3]
- "用于制定关键风险决策的汇总信息。"[4]

David Loshin是最早使用此术语的数据管理专业人士之一，他提供了以下两个定义。

- "关键数据元素是被确定为对组织成功运营至关重要的数据元素。"[5]
- "关键数据元素是保证业务流程和相应的业务应用程序成功而依赖的数据元素。"[6]

一位著名的数据质量专家Rajesh Jugulum对此给出了以下定义：

"关键数据元素被定义为具体业务领域（业务线、共享服务或集团职能）中'对成功至关重要的数据'或'完成工作所需的数据'。"[7]

总结上述引用的所有定义，关键数据有助于：

- 管理风险。
- 管理业务决策。
- 成功运营业务。

因此，我给出如下关于关键数据的定义。关键数据是对管理业务风险、做出业务决策和成功运营业务都至关重要的数据。

该定义中的"关键"一词仍需进一步阐释。"关键"的标准是定义中最重要的部分。这是一种最先进的方法，可以定义哪些数据元素是关键的，哪些数据不是关键的。"关键"的标准因行业和公司而异。我在文献中发现了几组"关键"的标准，如图14-2所示。

下面逐一介绍它们。

- 报表需求。
  关键数据应该出现在监管和财务报告、业务政策和业务战略中。
- 风险类型。
  在不同的行业中，公司对风险的分类方式可能不同。最常见的风险类型是财务、信贷、运营、声誉等。

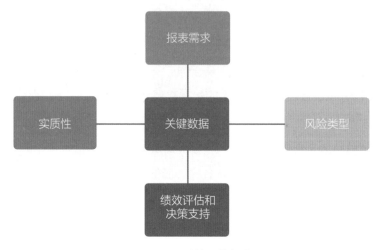

图 14-2 "关键"的标准

- 绩效评估和决策支持。

  关键数据是用于公司绩效管理和决策支持的数据。在这方面，组织不同层级的关键管理KPI代表着关键数据。

- 实质性。

  BCBS 239标准引入了针对关键数据概念的实质性标准，可以使用具有实质性的会计方法。实质性概念具有影响经济决策的含义。这种方法在实践中得到了广泛应用。

确定数据为关键数据的最终决定仍然由业务专家负责。这种方法在实践中被广泛使用的最常见的方法。

14.3 "关键数据"概念的应用领域

"关键数据"的概念可用在两种情况中。第一种是为数据管理工作设置优先级。人们经常争论：这应该优先处理，还是限制处理？假设一家公司有10000个元素，其中1600个是关键元素。你会只处理这1600个元素，还是将它们作为第一组元素统一处理？在实践中，我们通常谈论优先级，而不加限制。第二种情况是与其他业务职能部门建立业务合作和伙伴关系。

"关键数据"的应用领域示例如图14-3所示。

下面逐一进行简要介绍。

- 数据质量（DQ）工作的优先级。

  数据质量工作的主要目标之一是为关键数据元素建立数据质量检查和控制机制。设计、分析和构建数据质量检查和控制机制是一项耗费时间和资源的工作。因此，我们需要一种机制来确定数据质量工作的优先级。关键数据有助于企业按优先级对数据质量工作进行排序。

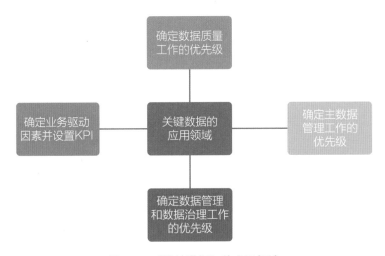

图 14-3 "关键数据"的应用领域

- 主数据管理（MDM）工作的优先级。

  关键数据同样适用于主数据和参考数据工作。我们可能需要操作所有的主数据元素，但这不可能一蹴而就。一些优先级排序工具对此会有所帮助，因此，关键数据元素是最佳工具之一。

- 数据管理和数据治理工作的优先级。

  第7章讨论了有助于确定数据血缘工作范围以使其更可行的主要因素。关键数据的概念也有助于此，尤其是描述型数据血缘。

- 确定业务驱动因素并设置关键绩效指标（KPI）。

  关键数据的应用涉及财务规划和分析领域。经过调查，我得出结论，数据血缘可以帮助我们识别业务驱动因素模型的关键元素。第17章将深入研究这个主题。

下面讨论如何实施关键数据的概念。

14.4 "关键数据"概念的实施

在本节中，我将分享关于实施"关键数据"概念的几个实用建议。

建议1：物理数据血缘应到位。

为了识别数据链末端的关键数据，我们应该能够跟踪和识别数据，并追溯数据的源头。在不知道数据血缘的情况下，这个任务是不可能完成的。要在数据实体和属性层级执行此类分析，物理数据血缘是一个"必备"条件。

为了深入解释这一建议，我们使用应用程序场景的示例进行简单说明，如图14-4所示。

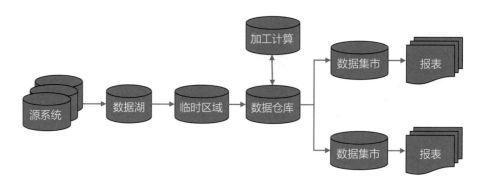

图 14-4 应用程序场景的示例

数据从多个数据源系统流向数据湖。在数据湖中，一组集成数据经过ETL过程到达临时区域，然后到达数据仓库（DWH）。加工计算引擎执行从DWH读取数据进行计算，并将结果数据返回给DWH。数据从DWH流向不同的数据集市和报表引擎，以生成不同的报告。

实际上，根据公司规模的不同，这种情况下的应用程序数量从几十个到数千个不等。

当我们开始沿着数据链分析关键数据时，会发现关键数据可以分为多种类型。

建议2：沿着数据链，可以识别多种类型的关键数据。

本书详细阐述了五种不同类型的关键数据元素，如图14-5所示，下面逐一介绍它们。

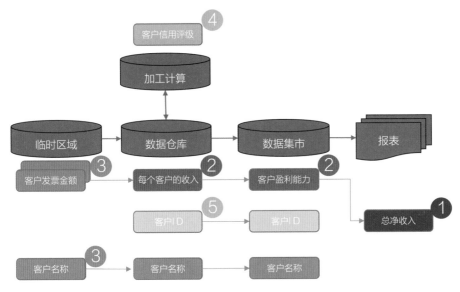

图 14-5 关键数据元素类型示例

1. 最终CDE。

对于第一类关键数据元素，我使用"最终CDE"这个名称。它们是"最终的"，因为它们位于数据链的末端。通常，它们处于报表或仪表板的位置。最终CDE的定义与我们在文献中找到的定义一致。这种类型的CDE对公司的盈利能力和绩效影响最大。在案例中，我使用"总净收入"作为"最终CDE"的示例。总净收入是一个汇总的数字。为了获得该CDE，需要处理和汇总一组其他数据元素，其中一些是关键数据。

2. 过渡性计算CDE。

过渡性计算CDE中包括两个词："过渡"和"计算"。它们是"过渡"的，因为它们位于数据链中。它们是"计算"出来的，因为基本的源头数据元素要经过一些转换，才能输出其数据值。

3. 过渡性源CDE。

这类关键数据元素也位于数据链中。它们要么不随数据链而变化，要么用于计算。过渡性源CDE的示例是"客户名称"，"客户发票金额"用于转换和汇总数据。

4. 业务规则CDE。

这类关键数据元素的值不直接用于计算，而是用于执行业务规则。

5. 技术CDE。

这类关键数据元素确保数据能够被正确处理。数据表主键或外键的数据是此类关键数据元素的示例。

这些关键数据元素都可以被记录在数据模型的不同层级中。

建议3：不同类型的CDE应被记录在数据模型的不同层级中。

在本书的第二篇中，我们讨论了数据血缘可以被记录在不同的抽象层级上，例如：

- 业务层。
- 数据模型层。
  - 概念层。
  - 逻辑层。
  - 物理层。

不同类型的关键数据元素也可以被记录在数据模型的不同层级上，如图14-6所示。

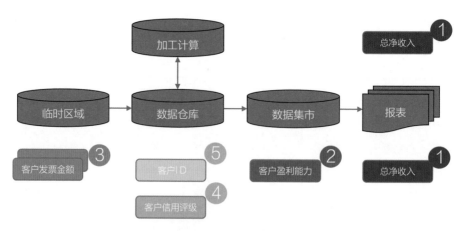

图 14-6　关键数据元素被记录在不同的抽象层级上

下面详细考虑每种类型的关键数据元素。

- 最终CDE。

  最终关键数据元素可以被记录在任何数据模型层级上。以"总净收入"为例，我们可以将该元素视为业务术语，可以创建业务定义并将它记录在概念层上。这类元素通常出现在报表中。在这种情况下，它们也可以被记录在逻辑层上，更适用于记录在手动创建的Excel报表中。如果在应用程序中生成报告，那么最终CDE被保存在数据库中。在这种情况下，我们可以在物理层上记录最终CDE。

- 过渡性计算CDE、过渡性源CDE、业务规则CDE和技术CDE。

  所有这些类型的关键数据元素都保存在数据库或ETL工具中。因此，它们应该被记录在数据模型的物理层上。我曾看到有人试图在逻辑层上记录这些元素，这种方法存在一个挑战。在逻辑层上，我们只能猜测关键数据元素之间的关系。只有物理数据血缘才能提供关于沿数据链的数据元素之间关系的正确信息。

不同类型的关键数据元素及其抽象层级需要采用不同的关键性标准。

建议4：关键性标准取决于关键数据元素类型。

关键性标准取决于关键数据元素的类型及其所在的数据模型层级，下面详细讨论这些标准。

- 最终CDE。

  关键性标准与在14.2节中讨论的标准类似：

  ○ 对业务绩效的高价值影响。

  ○ 受到监管机构关注。

  ○ 经常用在外部和内部报中。

  ○ 用于战略决策。

  以"总净收入"为例，该数据元素满足上述所有关键性要求。

- 过渡性计算CDE和过渡性源CDE。

  对于这些类型的元素，主要的关键性标准是对"最终CDE"的值有实质性影响。例如，如果不知道过渡性源CDE"客户发票金额"和过渡性计算CDE"每个客户的收入"，则很难计算"总净收入"。

在实践中，使用这些标准来定义关键数据元素既耗时，又耗费资源。

- 业务规则CDE。

  该元素的关键性标准取决于它对计算的重要程度。以"客户信用评级"为例，该元素决定了客户贷款的利率，但在计算贷款利率时并不需要该元素本身。

- 技术CDE。

  技术CDE的关键性标准由该数据元素对于计算其他CDE的重要性决定，并用于参考完整性。例如，如果在外键中没有值，则不会执行计算过程。

为了快速获取结果，数据管理专业人员应该采用实用的方法来定义关键数据元素。这种方法取决于数据血缘的可用性。

建议5：选择实用的方法来定义关键数据元素。

定义关键数据元素的方法取决于物理数据血缘的可用性，如图14-7所示。

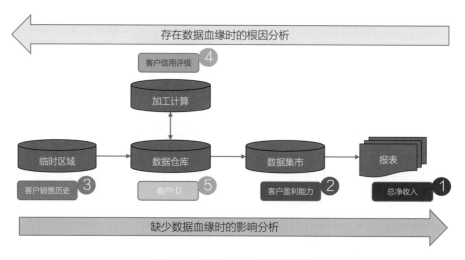

图 14-7 识别 CDE 的实用方法

在理想情况下，当我们拥有物理数据血缘时，就可以从最终CDE入手。通过分析，发现计算CDE所需的所有数据元素。然后，使用选定的关键性方法，即可识别数据链中的关键数据元素。

然而，在现实世界中，并不是很多公司都有数据血缘或全范围的数据血缘。在这种情况下，我们可以应用影响分析方法。这种方法基于知识积累，适用于以下两种情况。

- 元素集的来源是已知的，例如源代码的形式。
- 数据链包括多个应用程序或分为多个段。

下面介绍这两种方法的应用示例。

影响分析方法

该示例的初始条件如图14-8所示。

在特殊情况下，一组计算引擎和一组最终报表的来源格式是已知的。它包括大约1800个数据元素。数据源关键数据元素的识别过程包括两个步骤。

1.将数据源元素限制为必填表和列。

这一步可以将1800个元素限制为800个。

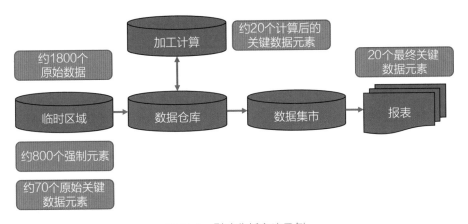

图 14-8　影响分析方法示例

2.执行专家分析。

专家们已经确定了大约70个原始关键数据元素，他们认为这些元素对于提供最终CDE和计算关键数据元素至关重要。

根因分析方法

在这种情况下，位于临时区域和加工计算之间，以及临时区域和报表之间的物理数据血缘有助于定义原始数据元素。结果如图14-9所示。

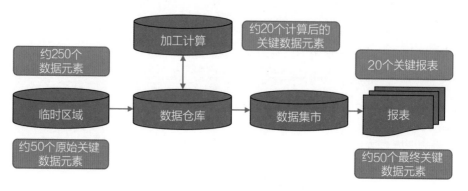

图 14-9　根因分析方法的示例

根因分析包括以下步骤。

1. 确定关键报表。

专家们从160份报表中选择了20份作为关键报表。

2. 分析关键报表中的数据元素。

专家们已经确定了大约50个最终关键数据元素。

3. 分析原始关键数据元素。

物理数据血缘发现了计算所选的50个最终关键数据元素所需的大约250个原始数据元素。

4. 让专家参与评估。

专家们从原始数据元素中选择大约50个数据元素作为原始关键数据元素。

每家公司都可以探索自己的实用方法来识别关键数据元素。下面将讨论数据血缘和关键数据元素的主要应用领域之一，也就是数据质量能力。

第 14 章　小结

- 在不同的场景中会用到关键数据的概念，例如：
  ○ 信息技术（IT）运营。

- ○ 数据保护和数据安全。
- ○ 数据管理。
- 关键数据对管理业务风险、做出业务决策和成功运营业务是至关重要的。
- 在不同的情况下，关键性标准会有所不同。关键性标准分为四种：
  - ○ 报表需求。
  - ○ 风险类型。
  - ○ 绩效评估和决策支持。
  - ○ 实质性。
- 在数据管理场景中，关键数据的概念用于：
  - ○ 为数据质量、主数据管理和数据治理工作设定优先级顺序。
  - ○ 确定业务驱动因素和关键绩效指标。
- 为了成功实施关键数据，应考虑以下建议：

1. 物理数据血缘应到位。
2. 沿着数据链，可以识别多种类型的关键数据。
3. 不同类型的CDE应被记录在数据模型的不同层级中。
4. 关键性标准取决于关键数据元素类型。
5. 选择实用的方法来定义关键数据元素。

第15章 | 数据质量

数据质量（DQ）是许多公司实施数据管理工作的重要驱动因素之一。数据质量是数据管理能力之一。设定数据质量需求、对数据质量进行检查和控制，是数据质量活动的主要内容。数据血缘可以用于有效地执行这些活动。

本章内容简介：

- 为数据血缘的使用提出建议。
- 演示如何使用关键数据来确定数据质量活动的范围。

阅读本章的收获：

- 将关键数据的概念应用于公司内部的数据质量活动。
- 调整数据血缘和数据质量计划的范围。

15.1 设定数据质量需求

任何数据质量工作都从设定数据质量需求开始。首先，公司需要确定关键数据元素的数据质量需求。在第14章中，我们确定了五种不同类型的关键数据元素（CDE），如图15-1所示。

1. 最终CDE，例如"总净收入"。

2. 过渡性计算CDE，例如"客户盈利能力"。

3. 过渡性源CDE，例如"客户发票金额"。

4. 业务规则CDE，例如"客户信用评级"。

5. 技术CDE，例如"客户ID"。

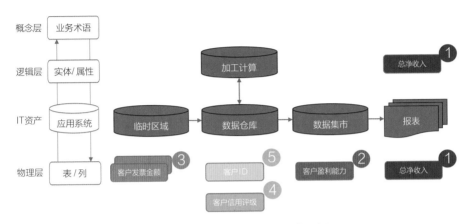

图 15-1　设置数据质量需求的示例

业务用户设定了他们对"最终CDE"的需求。在本例中，它是"总净收入"。业务用户通常在数据模型的概念层或逻辑层确定他们的需求。数据质量需求的主要目标是对数据质量进行检查和控制。为此，最终CDE的数据质量需求应转化为其他类型CDE及数据链的需求。所有这些需求都应该在物理层中。因此，物理数据血缘的知识变得非常关键。

下面我们深入研究数据血缘在数据质量检查和控制中的应用。

15.2　设计和构建数据质量检查和控制机制

首先，我们要就对术语的理解达成一致，确定术语"检查"和"控制"的含义。在本书中，针对这两个术语，我使用了以下定义。

数据质量检查是在数据处理的某个阶段，用于检查数据实例或数据集与预期要求之间对应关系的软件代码。

数据质量控制是控制数据的过程。数据质量检查的结果可用于执行数据质量控制。

数据质量检查和控制在数据链的多个位置上进行，图15-2所示是其在不同位置的示例。

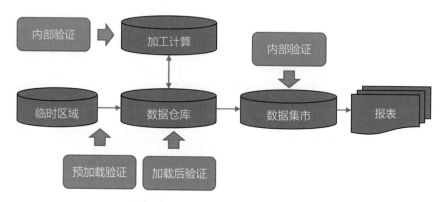

图 15-2　数据链中数据质量检查和控制的不同位置示例

数据质量控制位于应用程序内部或在ETL过程中的应用程序之间。

加工计算或数据集市中的内部验证，以及数据仓库中的加载后验证是应用程序中数据质量检查的示例。预加载验证在ETL过程中执行，同时将数据从临时区域加载到数据仓库中。

在设计和构建数据质量检查和控制机制时，会有如下几个相关的挑战。

- 有必要调整数据质量检查和控制链。

  不同的利益相关者可能对相同的数据元素有不同的数据质量需求。类似的数据质量检查和控制也可以在数据链的不同位置上进行，且必须根据位置的不同对数据质量检查和控制进行调整。数据质量检查和控制不应相互矛盾。它们必须协同一致，但不是完全相同的。

- 质量检查内容的可用性。

  从数据血缘的角度来看，公司应该使应用于数据的验证规则内容具有透明性。根据数据质量检查的位置，验证规则内容并不总是可访问的。

  通过使用业务规则引擎和可访问的元数据，在应用程序或ETL中构建了一些数据质量检查机制。这类规则的内容是可以访问的。

  对其他数据质量的检查被嵌入在应用软件代码中，它们是不可跟踪的。

- 了解物理数据血缘的必要性。

  只有了解物理数据血缘，才能建立有效的数据质量检查和控制机制。数据质量检查和控制允许存在少量可忽略的数据质量错误和问题。如果数据质量问题已经发生，那么根因分析是解决这些问题的一种方法。物理数据血缘也是执行根因分析的先决条件。

第 15 章　小结

- 数据质量管理需要建立和设计数据质量检查和控制机制，也需要在数据血缘的基础上支持数据质量任务。
- 数据质量管理要沿着数据链在数据模型的不同层级上构建数据质量任务。这些需求主要是在物理层上规定的。因此，对物理数据血缘的知识要求很高。
- 数据质量检查是一种软件代码，用于在数据处理的某个阶段检查数据实例或数据集与预期结果的一致性。
- 数据质量控制是控制数据的过程。使用数据质量检查的一组结果来执行数据质量控制。
- 在数据库和ETL工具中沿着数据链的不同位置构建数据质量检查和控制机制时，需要物理数据血缘信息。
- 与设计和构建数据质量检查和控制相关的几个挑战：
  - 有必要调整数据质量检查和控制链。
  - 质量检查内容的可用性。
  - 有必要了解物理数据血缘。

第
16
章 │ # 影响分析和根因分析

根据业务需求，数据血缘有助于执行影响分析或根因分析。2.2节中曾简要讨论过这两种分析。

业务变更，以及在应用程序环境、数据库结构模式中发生的某些变更等，都需要评估潜在的影响后果。影响分析就是评估方法之一。

调查数据质量问题和回答审计问题是执行根因分析的主要目的。

本章内容简介：

● 提供一些有关实施影响分析和根因分析的实用建议。

阅读本章的收获：

● 确定应该实施影响分析和根因分析的业务案例。
● 实施这两项分析。

我们先来回顾一下影响分析和根因分析的定义。

影响分析允许跟踪数据链从开始到结束的变化。

根因分析有助于从数据使用点追溯数据来源。

下面列出了关于在这两种类型的分析中使用数据血缘的建议。

建议1：不同类型的分析需要不同的数据血缘组件。

数据血缘简化了两种类型分析的执行过程。根据分析的目标和类型，可以使用不同的数据血缘组件。下面来看两个例子。

例1

一家公司正在计划替换源系统中的遗留软件应用，如图16-1所示。遗留软件以红色标记，并位于数据链的起点。

影响分析可实现以下目标。

- 评估由新数据库结构变更影响的整个数据链上的变更范围。
- 评估在ETL作业和工具中所需的变更。
- 评估新的数据库结构是否包含报表所需的数据源端数据。
- 规划变更的实施过程。

为了执行此类分析，可能需要以下横向数据血缘组件。

- 应用程序流和数据集流。
- 业务规则。
- 物理数据血缘，包括：
  - 物理数据模型。
  - ETL作业。

第二个例子是根因分析。

例2

法律法规需求需要一套报表。在图16-2中，这套报表被标记为红色。

报表中包括迄今为止尚未提供的资料。在这种情况下，根因分析有助于实现以下目标。

- 评估新的源数据的需求。
- 评估现有数据链是否已准备好继续处理和转换新数据。
- 评估应用程序、数据库、ETL工具为了处理新的数据所需的更改。

为了执行此类分析，可能需要以下横向和纵向数据血缘组件。

- 应用程序流和数据集流。
- 概念数据模型和逻辑数据模型。
- 业务规则。

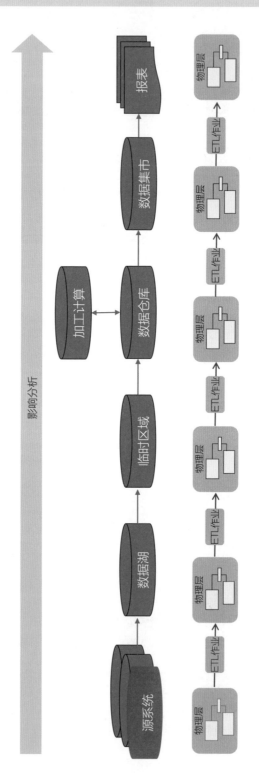

图 16-1 影响分析示例

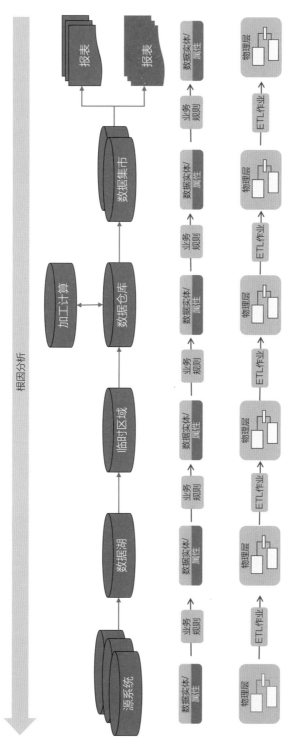

图 16-2 根因分析示例

- 物理数据血缘，包括：
  - ○ 物理模型。
  - ○ ETL作业。

在这些示例中，我们调查了业务变更导致的影响分析和根因分析。出于数据质量和审计目的根因分析，除需要数据血缘外，还需要一些额外的能力。

> **建议2：在执行根因分析时，数据血缘可以与其他功能相结合。**

在某些情况下，完整记录的元数据血缘可能无法满足业务用户的所有需求。为了解释报告中某些数字的来源，需要对数据质量问题和审计需求进行调查。在这种情况下，除了数据血缘，业务用户可能还需要一些其他能力。在5.1节和12.6节中研究数据值血缘时，我们已经讨论了这些主题。除了物理数据血缘，业务用户还可以使用下钻和协作能力。

第14章和第16章中讨论的元数据血缘应用领域属于数据管理的范畴。数据血缘也可用在其他业务领域中。

第 16 章　小结

- 根据业务需求，数据血缘有助于执行影响分析或根因分析。
- 影响分析允许跟踪数据链从开始到结束的变化。
- 根因分析有助于从数据使用点逆向追溯数据源头。
- 以下建议有助于执行这两种类型的分析：
  1. 不同类型的分析需要不同的数据血缘组件。
  2. 在执行根因分析时，数据血缘可以与其他能力相结合。

<table>
<tr><td>第
17
章</td><td>业务驱动因素建模</td></tr>
</table>

第17章　业务驱动因素建模

元数据血缘可以帮助我们完成一些财务规划和分析（FP&A）任务。基于业务驱动因素建模是现代财务分析的建模技术之一，其中我们可能会用到数据血缘。

本章内容简介：

- 调查基于业务驱动因素建模和数据血缘概念之间的相似性。
- 演示如何将数据血缘用于基于业务驱动因素的建模。

阅读本章的收获：

- 就财务建模主题与FP&A同事进行沟通。
- 促进数据血缘在FP&A领域中的使用。

让我们回顾一下基于业务驱动因素建模的本质。它侧重于识别业务驱动因素，并将其与财务结果和关键绩效指标（KPI）联系起来。

业务驱动因素是一个运营指标，它能够：

- 确保业务设计的主要业务领域实现可持续的成功和增长。
- 影响公司的收益或股票价格。

关键绩效指标是一种量化指标，用于评估组织、业务部门、员工等在实现绩效目标方面的成效。

业务驱动因素建模旨在建立业务驱动因素和预测财务结果（如收入、成本和其他KPI）之间的数学模型。这些模型确定了业务驱动因素与财务结果以及KPI之间的关系。一个业务驱动因素模型包括一组业务驱动因素、财务结果、KPI及其之间的关系。

在与FP&A专业人士合作时，我意识到我们数据管理专业人士所说的关键数据元素，在金融专业人士那里被称为"业务驱动因素"。

在这方面，数据管理中的关键数据元素、财务和绩效管理中的业务驱动因素、KPI是相似的概念。通过使用CDE的概念，数据管理可以帮助财务部门规范业务驱动因素和KPI。

简化的业务驱动因素模型的示例如图17-1所示。

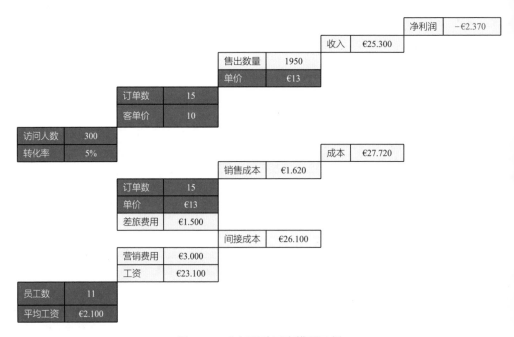

图 17-1　业务驱动因素模型示例

在整个链条中，业务驱动因素影响净利润，它是公司的主要KPI之一。基本的业务驱动因素被标记为深蓝色。

某些业务驱动因素代表已被处理的用于计算KPI的数据元素，并以浅灰色标记。收入、销售成本和净利润代表这些计算元素。

上述模型在概念层的数据血缘如图17-2所示。

图中的业务驱动因素模型和概念数据模型之间有许多相似之处。

业务驱动因素模型是基于分析结果得出的假设。数据血缘提供了基本数据元素如何影响财务指标计算的准确信息。因此，数据血缘可以节省财务专业人员调查业务驱动因素和预期结果之间关系的时间。

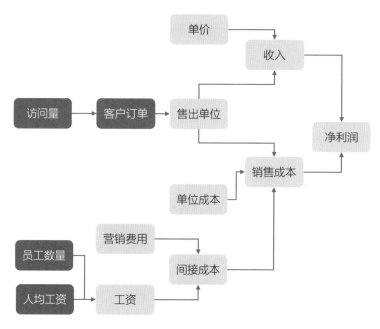

图 17-2　数据模型在概念层的数据血缘示例

　　业务驱动因素建模表明，财务和数据管理专业人员之间的沟通和协调可以为双方带来益处。

第 17 章　小结

- 数据管理中的关键数据元素、财务/绩效管理中的业务驱动因素和KPI是相似的概念。通过使用CDE，数据管理可以帮助财务部门规范业务驱动因素、KPI以及它们之间的关系。
- 业务驱动因素模型和概念数据模型的表现形式具有许多相似性。
- 数据血缘有助于确定业务驱动因素、预期财务结果和KPI之间的关系。

第18章 建立数据管理框架

数据血缘和数据管理框架这两个主题可能看起来差异非常大，但在实践中可以发现，它们是有很强的相关性的。我们可以得到的结论是：数据管理框架的建立遵循数据血缘记录的逻辑。

本章内容简介：

- 调查数据血缘和数据管理框架概念之间的相似性。

阅读本章的收获：

- 能够使用数据血缘的概念来改进和扩展公司的数据管理框架。
- 构建记录数据血缘所需的数据管理能力。

为了证实上述结论，这里用到了Data Crossroads开发的数据管理的"橙色"模型[1]。

18.1 数据管理的"橙色"模型

该模型将数据管理视为一种业务能力。"能力"一词侧重于数据管理在交付业务价值、实现目标和交付成果方面的能力。数据管理提供的主要业务价值是：

- 保护公司的数据资源。
- 允许公司从数据资源中获取经济价值。

数据管理通过优化数据价值链并建立支持这些价值链的业务能力来输出价值。

数据价值链支持企业创造业务价值，数据管理的"橙色"模型如图18-1所示。

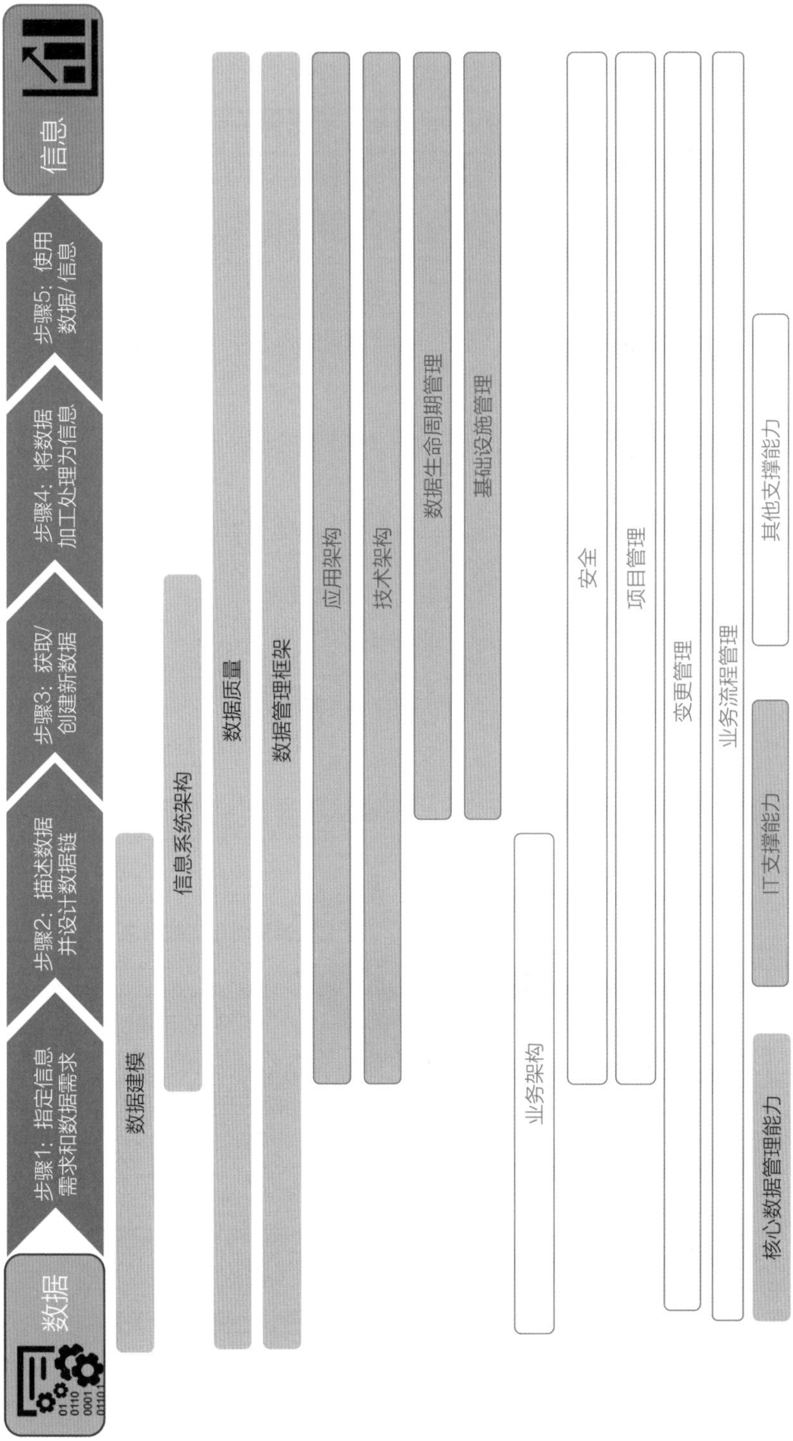

图 18-1 数据管理的"橙色"模型

核心数据管理能力，如数据管理框架、数据质量、数据建模和信息系统架构，能够支持数据价值链的设计。IT和其他支撑能力可以促使数据价值链发挥作用。

数据管理功能形成了一个管理数据的框架。该框架的落地遵循特定的逻辑，不同数据管理能力之间的关系和依赖性定义了该逻辑。

例如，一个公司如果没有准备就绪的信息系统架构和数据建模，那么很难成功地落实数据质量。

下面来探讨数据血缘和数据管理框架实现之间的本质和相似性。

18.2　建立数据管理框架与记录数据血缘

建立数据管理框架和记录数据血缘之间的相似性体现在以下方面。

- 数据管理子能力和数据血缘主要组件的交付成果。
- 实施数据管理和记录数据血缘的逻辑步骤。

为了演示这些相似性，我使用了Data Crossroads开发的"数据管理之星"[2]模型，如图18-2所示。

该模型确定了建立数据管理框架的五个步骤，下面深入介绍这些步骤。

图 18-2　"数据管理之星"模型

步骤 1：定义业务需求和功能需求。

在步骤1中，公司确定了数据管理框架的可行范围。业务驱动因素、主要利益相关者、他们的业务需求和功能需求确定了数据管理框架的范围。交付成果清单中包括业务驱动因素、利益相关者，以及利益相关者最迫切的需求清单。

我们可以使用相同的步骤启动数据血缘工作。使用相同的因素，如业务驱动因素、利益相关者的需求，来定义工作范围。

此外，相同的业务驱动因素通常会驱动公司启动这两项工作，例如法律法规这一业务驱动因素。

一旦范围清晰了，就应该定义相应的数据管理任务和职责。

步骤2：划分任务和职责。

数据管理框架定义了一组规则和角色。规则包括但不限于数据管理策略、政策、标准、流程和计划。角色应与数据管理流程、任务和交付成果相关。

数据血缘是数据管理的交付成果之一。因此，公司需要以数据血缘元模型的形式确定并记录其对数据血缘的理解。不同的数据管理相关角色负责根据模型内容记录数据血缘信息。

因此，这两项工作的步骤类似。

步骤3：构建数据管理框架。

数据管理框架的构建遵循以下步骤，需要具备不同的数据管理能力。

步骤3.1：确定数据需求。

按照步骤1的内容，定位、交付和处理相应的数据，使其满足需求。通常，原始数据和信息之间的关系并不完全清晰。数据血缘是填补这一空白的一种手段。常规情况下，对数据血缘的记录始于现有的业务流程。因此，在识别数据需求时需要记录数据血缘，至少是业务层的数据血缘。

步骤3.2：记录业务流程。

业务流程的记录并不作为任何数据管理子能力的某一部分。不过，它仍然是数据血缘的必要组件。大多数公司从分析业务流程开始记录数据血缘，接着分析流程中相关的IT资产和业务角色，然后将数据集与这些业务流程相匹配。

步骤3.3：记录系统和应用程序环境。

数据转换通常发生在IT资产中，如系统、应用程序等。对IT资产目录和数据流的记录是信息系统架构的交付成果。同时，这些数据流是业务层的数据血缘的必要组件。

步骤3.4：开发概念、逻辑和物理数据模型并将其连接。

数据建模会在概念、逻辑和物理层中各提供一组数据模型。数据血缘可以在每个层上进行记录。这些模型及其之间的纵向连接就是数据血缘的组件。

步骤3.5：确定关键数据元素。

对关键数据元素的定义是一项最先进的任务，第14章对此进行了深入讨论。关键数据元素集是数据建模能力的交付成果。确定关键数据元素的强制性先决条件是数据血缘知识。

数据质量能力会提供数据质量需求、相应的检查和控制机制。第15章中提到，如果没有数据血缘，实际上是不可能做到这一点的。

步骤3.6：整合数据血缘。

只有完成了上述所有步骤，才能得到数据血缘。此时，公司已准备好实施其数据管理能力了。

步骤 4：执行中期评估和差距分析。

该步骤用于将步骤1中规定的期望结果与实际结果进行比较。这一步也可以对数据管理成熟度进行评估。与执行数据血缘工作的步骤相同。

步骤 5：规划进一步行动。

一旦公司实现了预期的结果，它可能希望扩大其数据管理工作的范围，包括数据血缘的范围。

我希望能够让你确信，数据管理框架的构建可以遵循数据血缘记录的逻辑。

截止本章，我们完成了本书的第三篇和核心内容。为了演示我们介绍的所有内容，我准备了一个小案例。

第18章 小结

- 数据血缘和数据管理框架主题看似差异非常大，但它们有很多共同点。
- 数据管理框架的构建遵循数据血缘记录的逻辑。
- 数据管理的"橙色"模型有助于展示数据血缘和数据管理框架实施之间的相似性。
- 橙色模型将数据管理确定为一种业务能力，这种业务能力可以保护数据资源，并有助于从数据中获取经济价值。
- 数据管理通过优化数据价值链，并建立支持这些价值链的业务能力，从而实现其价值。
- 数据管理能力形成了一个管理数据的框架。该框架的实现遵循一定的逻辑，不同数据管理能力之间的关系和依赖性定义了这种逻辑。
- 构建由"数据管理之星"模型定义的数据管理框架的步骤与记录数据血缘的步骤类似。

第三篇 总结

在第三篇中，我们讨论了使用数据血缘组件的不同场景。

我们已经确定，数据血缘可以为不同类型的数据管理工作提供价值，并有助于其他的业务职能部门实现其目标。

我们演示了在以下数据管理工作中使用数据血缘。

- 关键数据的定义。

  对管理业务风险、业务决策、成功运营业务来说，关键数据非常重要。

  在数据管理的场景中，关键数据可以用于：

  ○ 决定数据质量、主数据管理和数据治理工作的优先级。

  ○ 确定业务驱动因素和关键绩效指标。

  要成功实施关键数据，必须满足以下条件：

  ○ 应已具备物理数据血缘。

  ○ 沿着数据链，可以识别出多种类型的关键数据。

  ○ 应在数据模型的不同层级记录不同类型的关键数据元素。

  ○ 关键性标准取决于关键数据元素的类型。

- 数据质量。

  数据质量管理、建立和设计数据质量检查和控制机制，都属于数据质量管理工作的范畴，这项工作需要用到数据血缘知识。

  ○ 数据质量需求建立在位于数据链上的数据模型的不同层级中。

  ○ 在数据库及数据链的ETL工具中建立数据质量检查和控制机制时，需要用到物理数据血缘知识。

- 影响分析和根因分析。

  根据业务需求，数据血缘有助于执行影响分析或根因分析。

  影响分析允许跟踪数据链从开始到结束的变化。根因分析有助于从数据的使用点追溯数据来源。

  这两种分析是在不同的抽象层级上执行的。

- 数据管理框架的构建和功能设置。

  为了记录数据血缘，需要用到数据管理框架中的数据管理能力。数据管理框架的构建与数据血缘的记录都遵循相同的逻辑。数据管理子能力交付的组件为记录数据血缘创建了基础。

第四篇
案例研究：构建数据血缘业务案例

我们已经讨论了数据血缘元模型的理论、实现及应用。现在，让我们来感受数据血缘的乐趣。下面将讲述一篇关于XYZ公司及其管理数据血缘的小故事。XYZ是一家虚构的公司。最初，我使用这家公司为2019年出版的《数据管理工具包》[1]设计案例研究。从那时起，XYZ的业务规模在逐步扩大，公司也面临着新的挑战。

XYZ是一家软件开发商，并提供软件实施咨询服务。该公司成立于欧盟（EU）组织成员国之一，并在欧洲和美国设有多个办事处。该公司包含两个业务部门。

第一个部门是研发中心。公司研发的软件产品主要有两种。产品X服务于企业家的需求，其客户细分市场——"零售市场细分领域"主要包括独资企业或个人。产品Y旨在满足中小型企业的需求，其客户细分市场被称为"公司市场细分领域"。第二个部门是咨询和热线服务中心。产品X不需要咨询支持，仅向零售客户提供热线支持。产品Y既需要咨询支持，也需要热线支持。

最近，公司管理层在某些法律法规方面面临一些挑战。数据管理和IT部门负责人得出结论，数据血缘可以提供满足这些需求的解决方案。他们决定开始实施数据血缘工作。

首席数据官（CDO）仔细阅读了《数据血缘：理论与实践》一书，并建议尝试使用该书提供的方法来确定数据血缘工作的范围。他们组织了一个工作小组，首席信息官（CIO）担任该小组的主席，小组成员包括数据管理和IT等多个部门的负责人。为了开发业务案例，他们决定遵循该书第6章"使用九步方法论构建数据血缘案例"中介绍的方法。

步骤 1：确定业务驱动因素

经过一些内部讨论后，数据血缘工作小组得出结论，他们有两个主要的业务驱动因素来推进项目。这两个业务驱动因素都与法律法规要求有关：

- 针对个人零售客户数据的一般数据保护条例（GDPR）。
- 针对财务数据和外部报告的 Sarbanes-Oxley 法案（SOX）。

这两个业务驱动因素的优先级相同。因此，工作小组决定同时考虑两个因素，并进行进一步分析。

211

步骤2：主要利益相关者的预算支持和参与

公司的最高管理层充分意识到符合法律法规的必要性。最高管理层授权首席信息官负责：

- 准备商业案例。
- 评估所需预算。
- 定期向公司监事会通报进展情况。

该项工作已获得支持，工作小组开始评估其工作范围。

步骤3：数据血缘工作的范围

该工作小组确定了范围评估的主要目标。工作的范围应确保满足以下条件。

- 满足"最低可接受水平"的要求。
  法规中并没有直接对建立数据血缘提供明确的要求。使用数据血缘作为符合法律法规的手段是基于专家的意见。因此，公司可以自行确定最低合法水平。

- 使法律要求与业务利益相关者要求保持一致。
  法律法规是业务驱动因素。但是，业务用户也应该能够使用和评估数据血缘可交付成果。因此，应考虑业务利益相关者的要求，并使其符合法律法规要求。数据血缘必须能为普通业务用户提供业务价值。

- 一年内交付成果。
  公司内部的专家知道，数据血缘工作是一项耗费时间和资源的活动，可能需要数月或数年才能完成。但是公司应该将展示自身价值放在首要位置，因此应在短期内交付数据血缘工作成果。

工作小组决定使用第7章"明确数据血缘工作的范围"中确定的主要工作范围。

3.1 确定"企业"的范围

企业架构师开发了企业架构的全景图，如图1所示。

为了确定范围，工作小组决定根据所讨论的数据集将架构全景图分为两个部分。然后，为了处理以下数据，他们确定了相关的架构部分。

- 一组零售客户的个人数据。
- 一组财务数据。

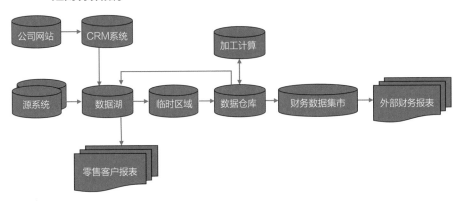

图 1　应用程序场景的企业架构全景图

更新后的架构全景图如图2所示。用于处理个人数据和财务数据的应用程序已分别被标记为绿色和淡紫色。

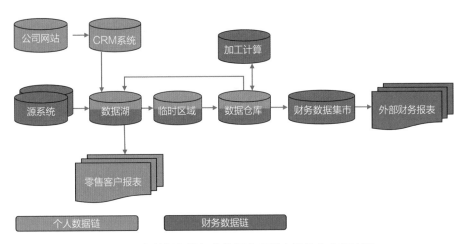

图 2　具有数据集指标的数据应用程序场景企业架构图

个人数据处理

在图2中，个人数据链被标记为绿色。

零售客户在公司网站上提供其初始的个人信息，其余的信息由会计人员收集。

所有个人信息都被输入中央CRM系统，该系统将这些信息纳入公司的数据湖。客户信息经过临时区域进入中央数据仓库（DWH）。在DWH中，数据经过集成和聚合，并被读取回数据湖。零售客户报表是根据数据湖接收的信息生成的。

财务数据处理

在图2中，财务数据链被标记为淡紫色。

财务数据从位于不同部门的不同源系统流入数据湖。然后通过一些ETL过程，财务数据流向数据仓库。对于财务报表，需要计算外部数据。因此，一些数据集被送到加工计算引擎中。数据的计算结果将被存入DWH。数据从DWH转移到财务数据集市，然后输出为报表。

确定"企业"范围后，数据血缘工作小组还要继续定义数据血缘的"长度"。

3.2 定义数据血缘的"长度"

图3中展示了数据链的完整"长度"。当然，从数据源头到最终目的地的横向数据血缘是所有数据血缘工作的首要目标。XYZ数据血缘工作小组意识到，由于数据链太长，无法一次性记录数据血缘。因此，他们决定将链条分成几段。这些段的数据血缘也应分阶段记录。首次分割后的数据血缘如图3所示。

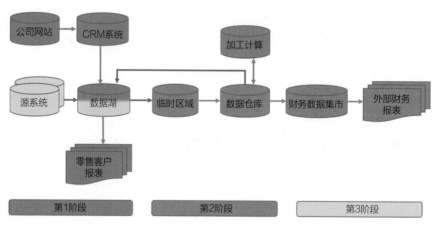

图 3 数据血缘"长度"的简图

工作小组提出，数据血缘记录应分为以下阶段。

第1阶段：记录个人数据集的数据血缘。

该范围中的应用程序被标记为橙色。

该工作小组将第1阶段确定为个人数据范围的理由如下。

- 个人数据集只包括有限数量的数据属性。

- 数据链仅由几个应用程序组成。

- 第1阶段可被视为一个试点项目，进而在XYZ公司范围内探索记录数据血缘所需的技能。

第2阶段：记录财务数据集的数据血缘，仅限于从临时区域到外部财务报表。

定义第2阶段的关键原因之一是，该部分架构由XYZ公司的中央财务职能部门负责和管理。

第3阶段：记录从源系统到数据湖、从数据湖到临时区域的数据血缘，以及将数据从数据仓库取出并返回给数据湖的ETL工具。

为了微调这些阶段，工作小组继续研究数据血缘的"深度"。

3.3　定义数据血缘的"深度"

数据血缘的"深度"确定了数据血缘的层级。数据血缘工作小组意识到，他们可以在四个不同的层级记录数据血缘，如本书第4章所述。

- 业务层。
  业务层包括业务能力、业务流程和执行这些流程的角色、业务主题域，以及IT资产和数据集流。

- 数据模型的概念层。
  数据模型概念层的数据血缘展示了在数据实体层面的数据移动。

- 数据模型的逻辑层。
  在数据模型的逻辑层中，数据血缘被记录在数据实体和属性层上。

  我们可以通过使用"描述型数据血缘"，手工记录上述层级的数据血缘。

- 数据模型的物理层。
  通过在此层级使用"自动型数据血缘"方法，可以在表和列上记录数据血缘。

在仔细规划数据血缘工作的主要目标之后，工作小组提出了数据血缘的"深度"，如图4所示。

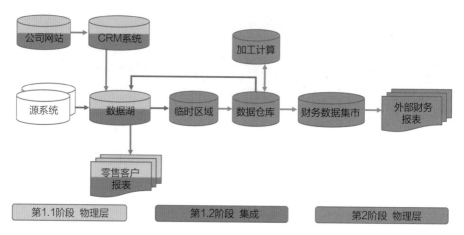

图 4　数据血缘"深度"的简图

该工作小组做出了以下决定。

1. 将个人数据的第1阶段分为以下两个子阶段。

- 第1.1阶段侧重于实施自动型数据血缘。

  在数据管理框架的实施过程中，为了记录与个人数据集中的数据相关的一些组件，XYZ公司实施了一个试点项目，并在案例研究"数据管理工具包"[2]中详细描述了该项目。这些组件构成了描述型数据血缘的大部分内容。自此，一些传统应用程序被取代。然而，属于业务层、概念层和逻辑层的组件仍然有效。因此在第1.1阶段中，使用自动型数据血缘只会记录物理数据血缘。

- 第1.2阶段侧重于实施纵向数据血缘。

  在该阶段会将数据血缘组件和对象在数据模型物理层和逻辑层上进行集成。业务层、概念层和逻辑层上的对象之间的集成已在描述型数据血缘中执行。通过使用MS Office应用程序，已完成了这些层级之间的集成。

2. 财务数据集的第2阶段侧重于记录自动型数据血缘的信息。

该工作小组认为，自动型数据血缘可以在较短的时间内交付成果。

关于下一步的决定推迟到第1.1、1.2和2阶段实施完成后。

本部分的最后一步是定义要记录的数据血缘组件和对象。

3.4　定义数据血缘组件和对象

数据血缘工作小组提供了关于要记录的数据血缘组件和对象的建议范围，如表1所示。

对于第1.1阶段，工作小组决定在物理层实现横向数据血缘。数据血缘应包括以下对象：表、列、ETL作业。

第1.2阶段侧重于对物理和逻辑数据模型层数据血缘的集成。

如前文所述，在以前的数据管理工作中已经记录了一些描述型数据血缘的组件。已记录的横向数据血缘组件如下。

- 业务流程和相关角色。
- IT资产流。
- 具有相应定义的业务主题域和数据实体。
- 应用于数据实体的约束。
- 具有相应定义的数据属性。
- 应用于数据实体的业务规则。

表1　第1.1、1.2和2阶段的数据血缘组件和对象的建议范围

数据集	阶段	数据血缘组件	数据血缘对象	状态
个人数据	第1.1阶段	横向数据血缘 物理数据模型	• 表 • 列 • ETL作业	未完成
	第1.2阶段	横向数据血缘 业务流程	• 业务流程 • 角色	已完成
		横向数据血缘 应用程序流	• 应用程序	已完成
		横向数据血缘 概念数据模型	• 业务主题域 • 数据实体 • 业务术语和定义 • 业务限制	已完成
		横向数据血缘 逻辑数据模型	• 数据实体 • 属性 • 业务术语和定义 • 业务规则	已完成

数据集	阶段	数据血缘组件	数据血缘对象	状态
个人数据	第1.2阶段	纵向数据血缘物理层和逻辑层之间的连接	• 表~数据实体 • 列~属性	未完成
财务数据	第2阶段	横向数据血缘物理数据模型	• 表 • 列 • ETL作业	未完成

第1.2阶段的目标是记录表与数据实体、列和数据属性之间的映射关系。ETL作业和业务规则之间的联系不在此范围内。

第2阶段的目标是在物理层记录横向数据血缘。数据血缘对象是表、列和ETL作业。

对上述建议范围达成一致后，该工作小组随着业务案例的推进而继续前进。

下一步是定义角色和职责。

步骤 4：定义角色和职责

数据管理职能机构已在XYZ公司内成立。因此，现有的数据管理和技术管理人员将负责实施数据血缘。

数据血缘工作小组决定让数据管理和业务管理人员参与制订数据血缘的需求。

步骤 5：准备数据血缘需求

经过与业务管理和数据管理人员的多次沟通，数据血缘工作小组提出了需求文档。为了开发这些需求，工作小组使用了本书附录中的模板1，并以表格的形式总结了第1.1、1.2和2阶段的元数据血缘通用需求，如表2所示。

其中确定了以下需求。

• 数据血缘实施的三个阶段。

• 数据血缘层，包括业务、概念、逻辑和物理层。

• 每层的数据血缘组件。

在表2中，当某个需求适用于特定阶段、数据血缘层级和组件时，就用深蓝色标记。

表2　元数据血缘通用需求

数据血缘需求	数据血缘类型	项目阶段	业务层 • 业务流程 • 应用程序		概念层 • 业务主题 • 数据实体/属性		逻辑层 • 数据实体 • 属性		物理层 • 应用程序 • 表、列 • ETL 作业		
数据血缘的图形表示为连接元数据对象及其之间关系的数据链	横向	第1.1阶段									
		第1.2阶段									
		第2阶段									
可视化元数据对象的元数据元素	横向	第1.1阶段									
		第1.2阶段									
		第2阶段									
能够从两个方向跟踪元数据对象之间的连接：从源点到目的地，反之亦然	横向	第1.1阶段									
		第1.2阶段									
		第2阶段									
放大（上卷和下钻）功能，以便数据在不同抽象层级之间移动	纵向	第1.1阶段									
		第1.2阶段									
		第2阶段									
能够维护版本控制和归档数据血缘，以实现审核目的	横向	第1.1阶段									
		第1.2阶段									
		第2阶段									

续表

数据血缘需求	数据血缘类型	项目阶段	业务层 • 业务流程 • 应用程序	概念层 • 业务主题 • 数据实体/属性	逻辑层 • 数据实体/属性	物理层 • 应用程序 • 表、列 • ETL作业
在中央存储库中维护数据血缘对象和相应的元数据	横向	第1.1阶段	■			■
		第1.2阶段				■
		第2阶段				■
在数据血缘层级内连接数据血缘对象	纵向	第1.1阶段	■			■
		第1.2阶段				
		第2阶段				
在不同层级之间连接数据血缘对象： • 从业务层到概念层	纵向	第1.2阶段		■		
• 从概念层到逻辑层	纵向	第1.2阶段		■		
• 从逻辑层到物理层	纵向	第1.1阶段				■
		第2阶段				

数据血缘层级组件和数据血缘对象

除了通用需求，工作小组还为自动型数据血缘解决方案准备了其他需求，这些需求必须在第1.1阶段和第2阶段实施。此类需求的模板示例如表3所示。

表3　自动型数据血缘的其他需求示例

需求	CRM系统	ETL到数据湖	数据湖
数据库类型	MS SQL Server		Snowflake
ETL工具类型		Azure 数据工厂	
自动化水平	全自动	全自动	全自动

当需求经讨论得到批准后，数据血缘工作小组就进入了该业务案例开发的下一步。

步骤6：选择记录数据血缘的方式和方法

在这一阶段，XYZ公司的管理层确认了记录数据血缘的方式和方法。方式和方法因所选范围而有所不同，具体如下。

个人数据集

- 企业覆盖范围。

  数据血缘将被记录在如图4所示的一组应用程序中。

- 数据血缘的记录方法。

  对于物理层数据血缘，使用自动型方法进行记录。

  对于业务层、概念层和逻辑层的数据血缘，使用描述型方法记录。

- 数据血缘的记录方向。

  该公司选择了混合方式来记录数据血缘。前期已经记录了描述型数据血缘。在完成物理层数据血缘后，将逻辑层和物理层进行集成。

  对于逻辑层和物理层之间的集成，公司计划使用半自动化解决方案。

财务数据集

- 企业覆盖范围。

  数据血缘的范围涵盖了图4中的应用程序。

- 数据血缘的记录方法。

221

仅记录物理层数据血缘，目的是实现自动化解决方案。

- 数据血缘的记录方向。

针对其他层数据血缘的记录将在物理层数据血缘记录成功后再行决定。

公司管理层还决定继续采用集中式方法管理公司内部的数据血缘工作。

这种方法的含义如下。

- 公司使用数据血缘的通用元数据模型。

该公司支持由业务层和三层数据模型组成的元数据模型血缘。

对于独立的实现方案，元数据对象可以根据数据血缘的需求而变化。

- 公司将规划一个数据血缘解决方案，该解决方案可用于多个地点，并处理不同的数据血缘工作。

解决方案应包括集成能力。这意味着可以集成不同层级的数据血缘。该工具应支持使用不同的技术。

在做出这些决策后，数据血缘工作小组将进入下一步——选择合适的数据血缘解决方案。

步骤 7：选择合适的数据血缘解决方案

数据血缘工作小组开始选择解决方案。他们决定只使用COTS（商业软件）解决方案。他们找到了一系列数据血缘解决方案。首先，他们只是编制一份需求短名单，并根据供应商网站上的可用信息比较不同的解决方案。只有在这样分析之后，他们才会着手编制候选人的入围名单。该工作小组已经针对市场上可用的解决方案准备了一份长名单。他们调查了供应商的网站并完成了比较。工作小组准备的模板示例如表4所示。

工作小组使用MoSCoW[3]（一种优先级分析技术）方法为解决方案的重要性划分优先级。他们比较了两种不同的解决方案。如果某种解决方案满足需求，就将单元格标记为深蓝色。如果供应商网站的某项信息不清晰，就将单元格标记为黄色。如果他们找不到对应的需求，就将单元格保持为未标记状态。

在完成初步分析后，工作小组创建了一个短名单，并继续进行规划演示。

选择了软件解决方案后，实施阶段正式开始。

表4　比较数据血缘需求与解决方案的模板

序号	需求	MoSCoW（必须M、应该S、可以C、将要W）	数据血缘解决方案一	数据血缘解决方案二
1	解决方案包括用于记录以下内容的目录/存储库：			
	• 不同抽象层级的业务流程	C		■
	• 角色	C		■
	• 法律法规和策略	W		■
	• IT资产	M	■	■
	• 业务术语	M	■	■
	• 数据资产目录	M	■	■
	• 数据字典	M	■	■
	• 业务规则	S		■
	• 关联关系	M	■	■
2	解决方案包括：			
	• 元数据血缘可视化工具	M	■	■
	• 已准备就绪的数据库、ETL工具和编程语言清单的扫描程序	M		■
3	数据血缘能力的其他可视化需求：			
	• 数据血缘的图形化表示为连接元数据对象及其之间关系的数据链	M	■	■
	• 可视化元数据对象的元数据元素	M	■	■
	• 能够从两个方向跟踪元数据对象之间的连接：从源点到目的地，反之亦然	M	■	
	• 放大（上卷和下钻）功能，以便在不同抽象层级之间移动	M	■	■
4	打印文档功能，以便能够获得有关数据血缘的打印记录	M	■	■
5	能够维护版本控制和归档数据血缘，以实现审核目的	M	■	■

续表

序号	需求	MoSCoW（必须M、应该S、可以C、将要W）	数据血缘解决方案一	数据血缘解决方案二
6	数据建模能力包括：			
	• 维护概念、逻辑和物理层数据模型	S	■	■
	• 不同类型的图表和符号	S	■	
	• 正向和逆向工程模型	S	■	
7	协作环境	M		
8	集成能力包括：			
	• 业务层和概念层之间的纵向映射	C		■
	• 概念层和逻辑层数据模型	S	■	
	• 逻辑层和物理层数据模型	S	■	
9	其他功能包括：			
	• 业务架构	W		
	• 数据质量	W	■	

我希望这个案例研究能够帮助你吸收本书中提供的有关数据血缘的知识。当然，实际工作情况要复杂得多。尽管如此，我仍然相信这本书能帮助你成功落地数据血缘业务。

后记

　　我最初计划将本书作为我整理的关于数据血缘的一些初始文章和演示的汇编。所有这些内容都得到了全世界读者的良好反馈。写这本书的过程只花了一年多的时间。在此期间，我不断积累数据血缘领域的知识。因此，与最初的计划相比，本书的范围扩大了。本书涵盖了我迄今为止获得的所有关于数据血缘的实践经验。

　　我真诚地希望我已经成功阐述了数据血缘的理论，并分享了实现和使用数据血缘的经验。我知道本书可能仍然无法回答你关于这个话题的所有问题。

　　数据血缘是数据管理领域中一个发展迅速的主题。在我看来，对数据管理专业人员而言，数据血缘是最具挑战性的任务之一。它提供了许多提高数据管理实践效率的机会。反过来，数据血缘需要所有数据利益相关者的大量努力、资源和奉献。我非常看好数据血缘解决方案的技术发展。

　　我相信，在未来几年内，将有越来越多的公司开拓数据血缘能力，并细化它的使用领域。

　　希望阅读本书能够激励你走进"数据血缘的世界"。

　　对我来说，数据血缘为职业发展开辟了许多新的视角。研究这个主题使我加深了对数据管理各个领域知识的理解，也促使我更新了对数据管理的看法。这促成了"橙色"模型的发展。"橙色"模型代表设计和实现数据管理框架的实用方法。数据血缘在该模型中起到了重要作用，它可以演示和涉及业务生命周期内数据的动态特性。

　　我相信，实施数据血缘的工作也会有利于你的职业和专业发展。

　　祝你在数据血缘探索之旅中有好运相伴！

致谢

　　在荷兰银行（ABN AMRO Bank B.V.）实施SAS数据血缘解决方案期间，我获得了有关数据血缘的初步经验。我要感谢荷兰银行和SAS工作组的所有同事，他们的鼓励和支持促使我在专业知识领域持续深耕。

附录

模板 1 数据血缘需求

此模板演示了数据血缘的主要需求，包括以下几项。

- 需求类型。

  需求类型分为两种。

  通用需求适用于数据血缘的所有组件。通用需求可能因数据血缘的类型而有所不同。

  数据血缘层的需求有助于确定应在每个数据血缘层中记录哪些组件。

- 数据血缘需求。

  在本项中，应该指明需求的具体内容。

- 数据血缘类型。

  纵向和横向数据血缘可能有不同的通用需求。因此在本模板中，我们指出了它们的适用情况。

- 需求（是/否）。

  本模板包括数据血缘元数据模型的所有组件。针对具体的业务情况，你可以根据需要限定最小的需求范围。

需求类型	数据血缘需求	数据血缘类型	需求（是/否）
通用	数据血缘的图形化表示为连接元数据对象及其之间关系的数据链	横向	
通用	可视化元数据对象的元数据元素	横向	
通用	能够从两个方向跟踪元数据对象之间的连接：从源点到目的地，反之亦然	横向	
通用	放大（上卷和下钻）功能，以便在不同抽象层级之间移动	纵向	
通用	能够维护版本控制和归档数据血缘，以实现审核目的	横向 纵向	
通用	在中央存储库中维护数据血缘对象和相应的元数据	横向	
通用	在数据血缘层级内连接数据血缘对象	纵向	
通用	在层级间连接数据血缘对象：		

续表

需求类型	数据血缘需求	数据血缘类型	需求（是/否）
通用	从业务层到概念层	纵向	
通用	从概念层到逻辑层	纵向	
通用	从逻辑层到物理层	纵向	
业务层	在业务层中记录以下组件：		
	• 业务能力		
	• 流程		
	• 角色		
	• 业务主题域		
	• IT 资产		
概念层	在概念层中记录以下组件：		
	• 数据实体		
	• 关联关系		
	• 业务规则		
逻辑层	在逻辑层中记录以下组件：		
	• 数据属性		
	• 关联关系		
	• 业务规则		
物理层	在物理层中记录以下组件：		
	• 表		
	• 列		
	• ETL映射		
	• ETL内容		

模板 2 数据血缘工作的范围和进展

此模板有助于沟通数据血缘工作的范围。它也是一个用于展示实施进展的很好的工具。

模板中包括以下几项。

- 数据血缘层。
  在此项中，需要指明记录数据血缘的层级。

- 数据血缘组件。
  每个层级中相应的组件。
  可能发生的情况是，数据血缘将在不同的层级和不同的组件中沿着数据链进行记录。

- 构成相关数据链的IT资产。
  在其余项中，需要指出数据血缘工作范围内的IT资产。
  在记录IT资源、层级和相应组件的框架模板中，可以记录以下信息：

  ○ 范围。
  ○ 期限。
  ○ 完成度。

数据血缘层	数据血缘组件	应用系统1	ETL 1	应用系统2
业务层	• 业务能力	范围/期限/完成度	范围/期限/完成度	范围/期限/完成度
	• 流程			
	• 角色			
	• 业务主题域			
	• IT 资产			
概念层	• 数据实体			
	• 关联关系			
	• 业务规则			

续表

数据血缘层	数据血缘组件	应用系统1	ETL 1	应用系统2
逻辑层	• 属性			
	• 关联关系			
	• 业务规则			
物理层	• 表			
	• 列			
	• ETL 映射			
	• ETL 内容			

概述：数据血缘解决方案

本概述提供了对市场上现有软件解决方案的分析，其中包括由数据血缘元模型标识的多个数据血缘组件的解决方案。本概述仅供参考，其中不提供有关特定解决方案的任何偏好。

软件供应商公司名称	业务流程建模	企业架构	数据建模	数据治理（管理、法规、政策）	元数据管理				数据质量	知识图谱
					业务术语表、数据目录、数据字典、元数据及关系系谱储库	业务规则管理	物理层面的自动型数据血缘	连接器		
AB Initio[1]										
AboutDataGovernance[2]										
Adaptive[3]										
Alation[4]										
Alex Solution[5]										
ASG Technologies[6]										
Ataccama[7]										
Atlan[8]										
Cluedin[9]										
Collibra[10]										
Data advantage group[11]										
dataworld[12]										
Dataedo[13]										
Erwin[14]										
Global IDs[15]										
IBM[16]										
INFOGIX[17]										
Informatica[18]										
IO-TAHOE[19]										
Manta[20]										
Octopai[21]										
Oracle[22]										
Onion Governance[23]										
OvalEdge[24]										
SAP[25]										
SAS[26]										
Semantic Web Company[27]										
Smartlogic[28]										
Solidatus[29]										
Syniti[30]										
Talend[31]										
TopQuadrant[32]										
Trueda[33]										
Zeenea Data Catalogue[34]										

模板 3　比较数据血缘解决方案

该模板有助于对数据血缘的不同软件解决方案进行比较分析，其中包括一些重要的软件功能的比较。

此模板包括以下几项。

- 需求。

  本项包括数据血缘解决方案的需求。模板1中确定的业务需求已转化为所需的产品/功能。

- MoSCoW评估方法。

  MoSCoW表明了公司对某些产品/功能的优先级顺序。

- 数据血缘解决方案一和二。

  在这两项中，可以比较每个解决方案提供的功能。

序号	需求	MoSCoW（必须M、应该S、可以C、将要W）	数据血缘解决方案一	数据血缘解决方案二
1	解决方案包括用于记录以下内容的目录/存储库：			
	• 不同抽象层级的业务流程			
	• 角色			
	• 法律法规和策略			
	• IT资产			
	• 业务术语			
	• 数据资产目录			
	• 数据字典			
	• 业务规则			
	• 关联关系			
2	解决方案包括：			
	• 元数据血缘可视化工具			
	• 已准备就绪的数据库、ETL工具和编程语言清单的扫描程序			

续表

序号	需求	MoSCoW （必须M、应该S、可以C、将要W）	数据血缘 解决方案一	数据血缘 解决方案二
3	数据血缘能力的其他可视化需求：			
	• 数据血缘的图形化表示为连接元数据对象及其之间关系的数据链			
	• 可视化元数据对象的元数据元素			
	• 能够从两个方向跟踪元数据对象之间的连接：从源点到目的地，反之亦然			
	• 放大（上卷和下钻）功能，以便在不同抽象层级之间移动			
4	打印文档功能，以便能够获得有关数据血缘的打印记录			
5	能够维护版本控制和归档数据血缘，以实现审核目的			
6	数据建模能力包括：			
	• 维护概念、逻辑和物理层数据模型			
	• 不同类型的图表和符号			
	• 正向和逆向工程模型			
7	协作环境			
8	集成能力包括：			
	• 业务层和概念层之间的纵向映射			
	• 概念层和逻辑层数据模型			
	• 逻辑层和物理层数据模型			
9	其他功能包括：			
	• 业务架构			
	• 数据质量			